IMPRESSUM

„Sylt im Sturm"
5. Auflage 2017
Texte: Frank Deppe
Fotos: Volker Frenzel
Layout: Mareike Toth

ISBN 3-00-020229-3

Die Deutsche Bibliothek verzeichnet dieses Buch in der Deutschen Nationalbibliografie.

Der besondere Dank der Autoren gilt Peter Brockhaus für die Idee, Barbara Hegenberger und Wiebke Hagge für die hilfreiche Unterstützung, Hella Muschner und Maren Stöver für die Überlassung von Fotografien sowie Karl-Peter Pfnür für die Korrekturlesung.

UMSCHLAGFOTO:

Der „Blanke Hans" schäumt: Die ganze Macht des Meeres entlädt sich hier an der Hörnumer Dünenkante

DIE AUTOREN

FRANK DEPPE, Jahrgang 1965, wuchs auf Sylt auf und ist seit 1986 als hauptberuflicher Journalist tätig. 1992 kehrte er auf seine Heimatinsel zurück, machte sich hier 2001 als freiberuflicher Journalist und Autor selbstständig. Frank Deppe schreibt für diverse lokale und überregionale Publikationen. Gemeinsam mit Volker Frenzel gestaltete er bereits mehrere Bücher über Sylt.

VOLKER FRENZEL, Jahrgang 1948, fotografiert seit mehr als drei Jahrzehnten. Er besitzt inzwischen ein Bildarchiv, das nahezu eine Viertelmillion Motive umfasst. Volker Frenzel, der für zahlreiche Printmedien tätig ist, arbeitet dabei mit modernster Kamera- und Computertechnik. Schwerpunkte seiner facettenreichen Arbeit sind die Themen Natur, Events und Prominenz.

INHALTSVERZEICHNIS:

Sturmfluten

Das Meer aufbrausend in Gischt und Schaum,
im Nu überflutend der Strandburgen Raum.
An die Buhnen krachend mit wilder Gewalt,
ein pfeifendes Heulen die Luft durchhallt.
Zerrissene Wolken, ein fliehendes Heer,
die der Sturmgott treibt über Länder daher.
Und ein Tosen wie uraltes Siegerlied,
das ist Westerland, wenn der Sturmwind zieht.

Gustav Stresemann, deutscher Außenminister und Friedensnobelpreisträger, schrieb diese Verse 1913 ins Gästebuch des Westerländer Hotels „Miramar“

Sylt schmilzt

Wenn im Herbst und Winter Stürme übers Meer fegen und die schäumende See gegen die Ufer brandet, dann muss die Insel Sylt regelmäßig Tribut zahlen: Jahr für Jahr rauben ihr die Wellen etwa 1,5 Meter Strand. Sturmfluten suchen seit jeher die Nordseeküste heim – im Laufe der Jahrhunderte verloren unzählige Menschen dadurch Haus und Hof oder gar ihr Leben. Erst im 20. Jahrhundert gedieh der Küstenschutz so weit, dass der Macht des Meeres weitgehend Einhalt geboten wurde. Dennoch: Sylt schmilzt. Schätzungen gehen dahin, dass die Insel seit dem 13. Jahrhundert mehr als zwei Drittel ihrer Fläche verloren hat. Erschreckend: Und Anno 1634 soll die Sylter Küstenlinie noch drei Kilometer weiter westlich gelegen haben.

Die ersten schweren Sturmfluten, die uns von Chronisten überliefert sind, gehen bis ins 12. Jahrhundert zurück. Ein effektiver Küstenschutz lag seinerzeit noch fern, so dass der „Blanke Hans", wie die Friesen das entfesselte Meer damals wie heute ehrfürchtig bezeichnen, ungehindert wüten konnte: Es war keine Seltenheit an der Nordseeküste, dass allein eine verheerende Sturmflut Zehntausende von Menschenleben forderte. Besonders fatal waren die Naturkatastrophen zumal dann, wenn Voll- oder Neumond den Sturm begleiteten: Da sich die Anziehungskraft des Mondes unmittelbar auf die Gezeiten Ebbe und Flut auswirkt, stieg das Wasser nochmals ein Stück höher – man nennt dies: Eine Springflut.

Wenngleich in der jüngeren Zeit keine Toten mehr zu beklagen waren, so lehrt das Meer den Syltern doch immer noch das Fürchten: Die schwersten Sturmfluten der Neuzeit in den Jahren 1981, 1976 und 1962 verursachten erhebliche Landverluste und Millionenschäden an Bauwerken. Mehrfach drohten die schützenden Deiche zu brechen – was unabsehbare Folgen hätte. Für einen solchen Fall der Fälle hat die Stadt Westerland vor einigen Jahren ein „Informationsblatt über den Katastrophenschutz" drucken lassen. Darin heißt es unter anderem:

„Im äußersten Fall wird der Einsatz der gesamten männlichen Bevölkerung im Alter von 18 bis 60 Jahren angeordnet, wobei wetterfeste Bekleidung, wetterfestes Schuhzeug und nach Möglichkeit Spaten und Schaufeln mitzubringen sind." Weiter empfiehlt das Faltblatt allen Syltern, „eine Notverpflegung vorzuhalten. Hier ein Beispiel für eine dreiköpfige Familie: Fertiggerichte in Dosen, 2 kg Zucker, 5 Pakete Brot, 1 kg Margarine, 5 Tafeln Blockschokolade, Traubenzucker, Kaffee und Tee, Wasserkanister, Trockenmilch. Der Lebensmittelvorrat sollte halbjährlich ausgetauscht werden." Es bleibt zu hoffen, dass niemand je in diesen sauren Apfel beißen muss.

Gegenüber der grazilen Inselsilhouette unserer Tage nahm sich Sylt früher sehr behäbig aus. Hier eine Karte aus dem Jahre 1648, die die nachfolgenden Landverluste anschaulich macht

Frühe Fluten

Von den ersten nachweisbaren Sturmfluten an der Nordseeküste gibt es nur vage Angaben. So soll die „Luciaflut" anno 1287 etwa 50.000 Menschen das Leben gekostet haben. Noch schlimmer entlud sich anno 1362 die „Grote Mandrenke", die an die 100.000 Todesopfer gefordert haben soll.

Für die Insel Sylt bedeutete die „Allerheiligenflut" im Jahre 1436 eine Zäsur: Sie zerstörte das Sylter Hauptdorf Eidum; die Überlebenden gründeten weiter nordöstlich eine Siedlung. Das Dorf bekam Mitte des 15. Jahrhunderts einen Namen: „Weesterlön", der friesische Name für „Westerland". Vom Untergang Eidums indes ist nur wenig überliefert. Chronisten berichteten, dass am 1. November 1436 „um Mitternacht eine schwere Flut ging". Hans Kielholt, Sohn eines Sylter Pastors, notierte: „Ach und wehe und jämmerlich ist zu beklagen, dass viel Volk ertrunken und das schöne Land ganz mit Wasser überlaufen ist."

Konkreter werden die Berichte von der nächsten gravierenden Flut: „Am 11. Oktober 1634 hat sich ein ungeheurer Sturmwind aus Südwesten erhoben und so übel gehaust, dass er nicht nur Häuser abgedeckt, sondern auch unzählig viele von ihnen hinweg genommen hat. Deiche wurden zerrissen, viele Menschen und Vieh ersäuft und solcher Schaden getan, dass es gar nicht zu beschreiben. Viele wurden vom Wasser in ihrem Bette weg getrieben, andere banden sich und ihre Weiber und Kinder mit Stricken aneinander, so dass also auch die grausamen Wellen sie nicht trennen mochten. So schrieen sie Gott um Hilfe und Errettung an. Und nach dem Sturm hat es allenthalben ein jämmerliches Ansehen gegeben, wie unzählig viele Leute tot herum getrieben, zwischen Kisten, Betten und Hausrat."

Ähnliches vermerkte der Morsumer Küster Muchel Madis: „Es ist eine erschreckliche Wasserflut gewesen wie in hundert Jahren nicht ihresgleichen. Auf Sylt sind auch welche ertränkt in Peter Andersens Haus zu Morsum, sieben Menschen jung und alt. Nämlich Peter Andersen und seine Frau, auch seines Sohnes Frau und vier Kinder. Auch Peter Andersens Behausung wurde grausig vernichtet, und auch andere Häuser sind umgefallen und weg getrieben." Die Wassermassen ließen selbst den Toten keine Ruhe: „Mit diesem Sturm kam der alte Kirchhof unter den Sanddünen wieder zum Vorschein", schrieb ein Sylter Kapitän. „Die Gräber waren der Länge nach hinabgestürzt, die Wellen hatten die Asche der Toten aus den Gräbern gespült."

Aus dem 18. Jahrhundert schließlich ist diese Tragödie überliefert: „Anno 1717, an Heiligabend, war eine sehr hohe Wasserflut, wie sie bei Menschengedenken nicht so hoch gewesen ist.“ In Archsum ertrank eine alte Frau, deren Haus unter der Wucht der Wellen zusammenstürzte. „Unter den Augen eines Nachbarn“ sei sie daraufhin von den Wellen fortgetragen worden. Drei Jahre später lief eine Sturmflut am Nachmittag des Silvestertages auf „und war noch ein Fuß höher als jene von 1717. Dabei kam eine alte Magd in Morsum um ihr Leben.“ Im Winter 1756 schließlich trat das Hochwasser so oft über die Ufer, dass „die Felder bei Westerland dermaßen mit Sand bedeckt wurden, dass noch zehn Jahre danach kein Pflug darin gesetzt werden konnte“.

Beutegut der Stürme: Gestrandete Schiffe

So sehr die Sylter Stürme seit jeher fürchteten, so vermochten sie ihnen doch auch lange Zeit Gutes abzugewinnen: „Der Herr segne unseren Strand", so sprachen über Jahrhunderte hinweg die Pastoren von der Kanzel, und die Stoßgebete wurden scheinbar nur allzu oft erhört: Allein im Zeitraum von 1800 bis 1850 liefen vor Sylt insgesamt 104 Schiffe auf Grund. Die Ladungen, die dabei über Bord gingen oder aber im Schutz der Dunkelheit geplündert wurden, waren für die Einwohner der kargen Insel ein willkommenes Zubrot: Zucker und Zitronen, Wein und Kaffee, Holz und Tabak, Schweine und Ochsen verzeichneten die Frachtlisten der havarierten Schiffe.

Manchmal gelang es den Mannschaften, die Schiffe wieder flott zu machen, manchmal wurden die Wracks versteigert oder kurzerhand ausgeplündert – wobei die Konkurrenz nicht schlief: „Wurde von Amrumern geplündert", so oder ähnlich ist es in alten Chroniken mehrfach zu lesen. Wie aber war es um die Besatzungen bestellt? „Dem humanitären Gedanken, Menschen aus Seenot zu helfen, stand lange Zeit das Strandrecht entgegen", vermerkte das Freiwillige Rettungs-Corps Westerland. Und der Sylter Chronist Christian Peter Hansen wusste zu berichten: „Strandete im unbewohnten Süden der Insel ein Schiff, so wurden die gestrandeten Güter gestohlen, während Schiffbrüchige lange in der öden Gegend herum irrten, ohne menschliche Hilfe zu finden. Angespülte Leichname blieben liegen, bis sie der Flugsand bedeckte."

Als der Strandraub überhand nahm, erließ König Friedrich IV. Anno 1705 eine rigide Verordnung. Diese verbot bei Androhung der Todesstrafe, an den Stränden nachts Feuer zu entzünden, um damit Schiffe vom Kurs abzubringen. Auf Körperverletzung oder Ermordung von Schiffbrüchigen stand die verschärfte Todesstrafe durch das Rad. Der Diebstahl von größeren Werten wurde mit dem Galgen gesühnt.

Obwohl es immer wieder zu Schiffshavarien kam, gab es auf Sylt bis zur Mitte des 19. Jahrhunderts keine funktionierende Seenotrettung. Im Gegenteil. Die Menschen begriffen solche Unglücke als unabwendbares, gottgegebenes Schicksal – und wer wollte sich da anmaßen, eingreifen zu müssen? Diese fatalistische Einstellung wurde erst 1866 revidiert, als die ein Jahr zuvor in Bremen gegründete Deutsche Gesellschaft zur Rettung Schiffbrüchiger (DGzRS) auf Sylt die erste Rettungsstation einrichtete. Der zweite entscheidende Schritt in diese Richtung war 1891 die Gründung des Freiwilligen Rettungs-Corps Westerland, die durch ein neuerliches Unglück initiiert wurde:

Nach einem tagelangen schweren Südweststurm strandet der Segler „Reintjedina“ am Vormittag des 29. Oktober 1890 auf einem Riff vor Wenningstedt. Die vier englischen Besatzungsmitglieder haben sich mit letzter Kraft an die Masten gebunden und harren nun auf Rettung. Nach 30 Versuchen, mit dem Rettungsgewehr vom Strand eine Leine zum Schiff zu schießen, gelingt es endlich: Der Steuermann wird an einer Trosse zum sicheren Ufer gezogen – doch er ist bereits tot. Der Schiffskoch hingegen kann gerettet werden. Die übrigen beiden Besatzungsmitglieder aber haben keine Kraft, das Tau zu fassen: 36 Stunden im Sturm, Regen und ohne Nahrung sind mittlerweile vergangen. Ein Versuch, den Havaristen mit einem Rettungsboot zu erreichen, misslingt. Von Amrum hat sich inzwischen ein zweites, größeres Rettungsboot auf den Weg gemacht. Das könnte der Ausweg sein. Doch statt der Hilfe trifft eine schlimme Nachricht ein: Das Rettungsboot ist vor Hörnum gekentert, zwei Tote sind zu beklagen! Nun versuchen es die Sylter noch einmal mit ihrem Rettungsboot – und diesmal gelingt die Überfahrt zur „Reintjedina“. Als die Retter den Kapitän vom Mast losschneiden, sackt er tot in ihre Arme. Der Schiffsjunge überlebt. Jedoch: Beide Füße sind ihm erfroren.

Eine der ersten nachweisbaren Schiffsstrandungen ereignete sich am 20. Oktober 1668. Der Sohn des Sylter Landvogtes schrieb in einem Brief: „Ungefähr am Mittag ist allhier bei Hörnum ein Schiff im großen Sturm angestrandet, worauf zwölf Personen gefahren. Leider sind der Schiffer, der von Bergen in Norwegen gewesen, und zehn Mann gar kümmerlich ums Leben gekommen. Nur der Steuermann wurde durch Gottes gnädigen Willen errettet.“ Seit dieser Tragödie sind vor Sylt 366 Schiffe zumeist in schweren Stürmen gestrandet. 418 angespülte Wasserleichen zählte ein Chronist für den Zeitraum von 1600 bis 1870 an Sylts Stränden.

Über einige der schwersten Unglücke: „Anno 1702, den 9. September“, so berichtet eine alte Schrift, „kam Lorenz Nickelsen aus Tinnum mit einem Schiff voll Walfänger aus Hamburg zurück und wollte in List anlegen. Da stürzte aber das Schiff um und es ersoffen sieben Mann. Wurden alle, Gottlob, gefunden und allhier begraben.“ Ein Jahr später sterben 38 Menschen bei einer Strandung vor Hörnum. Die Ladung des Schiffs interessiert die Sylter freilich weitaus mehr: Sechs Tonnen Gold versinken in den Fluten. „Das sonst so öde Hörnum war plötzlich durch eine Menge von allen Seiten herbeieilenden Glücksrittern belebt“, beschrieb der Chronist Christian Peter Hansen das Ereignis.

15. Oktober 1881: Vor Westerland legt sich die Brigg „Else“ auf die Seite. Zwei Matrosen ertrinken bei dem Versuch, schwimmend den Strand zu erreichen. Der Schiffsjunge klammert sich an die Takelage und, so Augenzeugen, „rief unentwegt nach seiner Mutter“. Vergeblich sind die Versuche, Rettungsleinen zum Schiff zu schießen: Die Wellen zerschlagen den Torso der „Else“, keines der verbliebenen Besatzungsmitglieder überlebt. Das letzte große Schiffsunglück vor Sylt ereignete sich am 14. Januar 1909: Der englische Dampfer „Fidra“ läuft vor Hörnum auf Grund, es gibt keine Überlebenden. Von nun an werden Strandungen immer seltener – die Bauweise der Schiffe, eine modernere Nachrichtentechnik, präzisere Seekarten und Navigationsinstrumente wirken dem Mast- und Schotbruch entgegen. Meistens jedenfalls. So gab es im November 1923 einen besonders schauerlichen Vorfall: Hörnumer sichteten vor der Küste den Motorschoner „Hermina“, der nach einem Sturm kieloben in den Wellen trieb. Die Strömung verdriftete die „Hermina“ dann jedoch nach Amrum. Als der Strandvogt unter das Boot tauchte, fand er in der Kajüte zwei skelettierte Leichen, an denen nur noch Kleiderfetzen hingen.

Die Masten knirschen, die Wellen brodeln: Auch diese Segelschiff wird gleich vor der Sylter Küste auf Grund laufen. Havarien waren in früheren Jahrhunderten an der Tagesordnung

Viel blieb dereinst von gestrandeten Schiffen nicht übrig, wenn der „Blanke Hans" mit ihnen fertig war

„Der Herr segne unseren Strand": Havarierte Schiffe lieferten den Syltern lange Zeit ein willkommenes Zubrot

Schiff in Seenot: Ab 1891 rückte das Freiwillige Rettungs-Corps Westerland mit Pferdegespann und Rettungsboot aus

Sorgte Anfang des 20. Jahrhunderts auf Sylt für großes Aufsehen: Die Strandung der „Adrar“ vor Kampen; wochenlang saß der Dampfer hier fest

Zwei Wochen lang saß die „Dina“ fest; erst dann konnte sie von einem Hochseeschlepper aus ihrer misslichen Lage befreit werden

Strandgut: Für dieses französische Schiff war der Sylter Strand vorläufige Endstation

NATIE

Eine der letzten Strandungen der Neuzeit: Ein Sturm fegte 1991 das Küstenmotorschiff „Dina“„auf den Rantumer Strand

Einsatz für die „Minden“: Der im Lister Hafen stationierte Rettungskreuzer ist zur Stelle, wenn heutzutage ein Schiff S.O.S. funkt

Sturmfluten der Neuzeit

Am Abend des 3. Februar 1825 steigt das Wasser unaufhörlich. In der Nacht zerstört die Sturmflut Häuser in Morsum, Tinnum und Westerland. Das Dorf Archsum ragt in Gestalt von 13 Inseln aus dem Wasser. In Rantum flüchten sich die Menschen auf die Dünen, wo sie die Nacht bei Frost und Kälte überstehen. Einen nachhaltigen Eindruck der Geschehnisse vermittelt die Aufzeichnung des Rantumer Lehrers: „Ich hatte mich wie sonst zu Bette begeben und war ruhig eingeschlafen. Um Mitternacht wachte ich wieder auf. Es stürmte draußen entsetzlich. Da hörte ich ein Plätschern und als ich einen Arm aus dem Bett hob, steckte er in eiskaltem Wasser. Die Flut war in meine Hütte gedrungen, während ich geschlafen hatte. Ich sprang aus dem Bette, machte die Tür auf, und im Augenblick stürzte das Haus voll Wasser. Ich watete mit meinem Hund zu den schützenden Dünen, wo sich bald alle Nachbarn samt ihrem Vieh versammelten. Ich fror bei furchtbarstem Wetter entsetzlich, und meine alten Beine wären in dieser Nacht wohl gänzlich erfroren, wenn nicht mein treuer Hund sich auf dieselben gelegt und sie erwärmt hätte."

Schwer trifft es die Westerländer Promenade am 5. November 1911: Am Mittag erreicht die Sturmflut ihren Scheitelpunkt. Sie zerschlägt die hölzerne Wandelbahn, reißt Restaurationshallen und 16 Meter Dünen ins Meer. „Um kurz nach zwölf," notiert ein Zaungast, „wurde die kleine Musikmuschel von einer mächtigen Welle weggetragen."

Fünf Jahre später brandet eine weitere Sturmflut an Sylts Küste. Bei List und Hörnum dringt das Wasser zwischen den Dünen tief ins Land vor. Kuriosum am Rande: Die Westerländer Strandmauer wird auf 50 Metern Länge beschädigt. Doch nicht von den Wellen, sondern weil eine angespülte Mine am Mauerwerk explodiert.

Der bekannte Dramatiker Robert Musil ist im Jahre 1923 auf Sylt zu Gast und erlebt eine Sturmflut hautnah mit. Seine Eindrücke schilderte er so: „Am 30. August ist Sylt durch eine Sturmflut von solcher Macht überrascht worden, deren gleichen man seit Jahrzehnten nicht erlebt hatte. In der Nacht, die der Sturmflut voranging, zündete ein Blitz ein Bauernhaus an. Im weiteren Verlaufe der Nacht schwoll der Wind an und strich am nächsten Morgen dick über die Insel. Oben auf den Dünen konnte man kaum die Augen offen halten, und in der Heide taumelten die Menschen in ihren bunten Wolljacken hin und her wie eine geschüttelte Blumenwiese. Das Meer fraß erst den breiten Strand, dann holte es sich die Strandkörbe. Einer nach dem anderen plumpsten sie wie Seehunde ins Wasser. Ungeheure Erdmassen des Kliffs zwischen Westerland und Kampen sind abgebrochen worden. Im Osten der Insel brach die Flut mit ungeheurer Gewalt ein, so dass ihr viel Vieh zum Opfer fiel und auch einige Menschen ertranken."

Es dauert weitere fünf Jahre, da wird das Eiland von den entfesselten Elementen erneut heimgesucht. Auch für diese Sturmflut am 24. November 1928 gibt es Berichte von Augenzeugen. Am Tag danach schrieb ein Westerländer Geschäftsmann einem Freund einen Brief: „Wir haben hier, wie Sie wohl schon gehört haben, einen schweren Sturm gehabt. Die Flut war so kolossal, dass das Wasser bis zu meinem Haus anstieg. Gestern morgen um 8 Uhr rief der Gemeindevorsteher von Morsum an und bat um Hilfe, denn es seien bereits mehrere Häuser von der Flut umringt. Unser Boot erreichte das erste Morsumer Haus um viertel nach elf, das Wasser stand dort bereits einen halben Meter auf dem Fußboden. Wir fanden aber nichts außer Vieh, das draußen im Wasser stand, denn die Familie war auf einen Nachbarhof geflüchtet, welcher höher lag. Es war eine feuchte Bootsfahrt mit peitschenden Regenschauern und sehr hoher See." Derweil ragte die Tinnumburg bei dieser Sturmflut wie eine Insel aus der weiten Wasserwüste, im Süden Westerlands stand das Meer hüfthoch auf den Straßen.

Wenige Tage später, am 30. November 1928, kamen Abgesandte aller Inselorte zu einer Versammlung in Keitum zusammen. Der Gemeindevorsteher zog eine ernüchternde Bilanz: „Wie zerfetzt liegt die Insel da nach den Naturereignissen. Vernichtet ist die mit Fleiß geschaffene Arbeit. Sylter Männer und Frauen! Unsere Existenz ist bedroht. Bang drängt sich die Frage auf: Können wir auf unserem Stückchen Erde weiter verweilen oder müssen wir gar unsere Existenz in einem anderen Lande suchen?" Die Versammlung beschloss daraufhin, „der Regierung die Augen zu öffnen, dass ein Stück deutsches Vaterland in Gefahr ist". Eine Resolution wurde aufgesetzt, die vom Staat „schleunigst und unbedingt" weitere Eindeichungen und Uferbefestigungen einforderte.

Auf der Kippe: Bedrohlich weit ragt das Wenningstedter „Strand-Café“ nach einer Sturmflut 1928 über das Kliff hinaus

Landunter im Osten Rantums: Sturmflut in den 1930-er Jahren

Unvermittelt hat ein Sommersturm zugeschlagen:
Eilig werden die Strandkörbe geborgen

Es gibt kein Halten mehr: Die Stunden des Westerländer Strand-Restaurants „Seenot“ waren in den 1950-er Jahren gezählt

Der „Blanke Hans“ tobt sich aus: Tapfer behauptet sich die Westerländer Musikmuschel in den Gischtfontänen

Lädierter Promenadenweg am Wenningstedter Kliff

Faszinierend-bedrohliches Schauspiel: Schwere Brecher schlagen an den Strand

Die Hörnum-Odde vor wenigen Jahrzehnten: Der gesamte vordere Bereich wurde inzwischen Raub der Wellen

Die Ruhe nach dem Sturm: Schaulustige inspizieren die Abbrüche an der Sylter Südspitze

Die Spuren einer Sturmflut: Zerschlagene Strandtreppe in Westerland

Nahe des Kampener Strandrestaurants „Grand Plage" ist das Meer 2005 bis zu den Dünen vorgedrungen und hat eine steile Kante hinterlassen

Die Nordsee steht vor der Tür der Hörnumer Kersig-Siedlung

Selbsthilfe: Mitarbeiter eines Strandbistros sichern das Ufer mit Sandsäcken

Die schwersten Sturmfluten der vergangenen 100 Jahre:

Datum	Pegelstand über Normalnull	Mess-Stelle
24.11.1981	4,05 Meter	List
03.01.1976	3,94 Meter	List
17.02.1962	3,92 Meter	Hörnum
21.01.1976	3,83 Meter	Hörnum
27.02.1990	3,74 Meter	Hörnum
26.01.1990	3,71 Meter	Hörnum
03.12.1999	3,61 Meter	List
28.01.1994	3,60 Meter	Hörnum
18.10.1936	3,42 Meter	List
23.02.1967	3,20 Meter	List

Der Tod kam über Nacht: Die Sturmflut 1962

Am Abend des 16. Februar 1962 sitzen in Hamburg und Schleswig-Holstein viele Familien vor dem Fernseher und schmunzeln über die neueste Folge der beliebten TV-Serie „Familie Hesselbach". Noch ahnt niemand, dass ihnen das Lachen bald vergehen wird. Als im Fernsehen um 22.35 Uhr die erste Sondermeldung alarmiert, dass die angekündigte Sturmflut weit schlimmer als erwartet ausfallen wird, sind die meisten Zuschauer schon im Bett. In der Nacht reißt sie der Orkan aus dem Schlaf – doch für einige ist es jetzt zu spät: In Hamburg, wo die Sturmflut besonders schlimm wütet, sterben in dieser Nacht 315 Menschen.

Bereits Tage zuvor waren mehrere Sturmtiefs in Folge aufgezogen. Am späten Nachmittag des 16. Februar wird Norddeutschland von einer Kaltfront mit zahlreichen Gewittern überquert. Dahinter dreht der Wind auf Nordwest und erreicht Orkanstärke. Immer mehr Wasser drückt vom Meer in die Elbmündung hinein. Um 3.30 Uhr erreicht die Flut ihren Höhepunkt. In Hamburg stehen mehrere Stadtteile bis zu sechs Meter hoch unter Wasser. Stromausfall verschärft die brenzlige Lage zusätzlich. Polizei, Feuerwehr und Rettungsdienste sind im Dauereinsatz. Hunderte harren auf Hausdächern oder in Bäumen auf Hilfe, im Stadtteil Wilhelmsburg flüchten sich die Menschen in die Kirche. Noch in der Nacht startet eine großangelegte Rettungsaktion. Hamburgs Innensenator – der spätere Bundeskanzler Helmut Schmidt – fordert aus allen Teilen Deutschlands, aber auch aus dem Ausland militärische und zivile Hilfe an. 26.000 Helfer sind auf den Beinen, 135 Hubschrauber kreisen über der Stadt. Die traurige Bilanz der Orkannacht: Die Hansestadt verzeichnet 315 Todesopfer, 30.000 obdachlose Bürger und Sachschäden in Höhe von 860 Millionen Mark.

In Schleswig-Holstein ist man glimpflicher davon gekommen. Doch auch hier hat Orkan „Vincinette" tiefe Spuren hinterlassen: Die Hälfte aller Deiche wurde zerstört oder beschädigt. Zu Tausenden ersoffen in den Ställen Schweine und Kühe – insgesamt 50.000 Stück totes Vieh. Auf Sylt steigt das Wasser knapp vier Meter höher als das mittlere Hochwasser, bricht sich in Hörnum auf einer Breite von 250 Metern seinen Weg durch die Dünen und reißt das Strandcafé in die Tiefe. Aus dem Protokoll der Hörnumer Feuerwehr: „23 Uhr: Die Abbruchkante hat das Café 'Wassermann' erreicht. Abtransport des Inventars mit drei LKW. (...) 0.45 Uhr: Durchbruch des Wassers beim Campingplatz. Mit 840 Sandsäcken soll das Wasser bei der Kirche zum Stehen gebracht werden. Leider war dies nicht möglich."

Auch im benachbarten Rantum kommt in dieser Nacht niemand zum Schlafen: Um 21.30 Uhr verkünden die heulenden Sirenen Katastrophenalarm. „Der Einsatzleiter veranlasste als erstes, dass die unmittelbar am Watt gelegenen Häuser zur Unterstützung der Frauen mit Feuerwehrmännern besetzt wurden“, protokolliert die örtliche Feuerwehr. „Gegen 0.30 Uhr stand das Wasser auf der Dorfstraße, drang in den Kaufmannsladen und auch in das hintere Wohnzimmer ein. Mit allen Kräften war es möglich, die schweren Möbel auf Konservendosen zu setzen, um sie vor dem Wasser zu schützen. An der Strandvogtei stand das Wasser schon bis zu den Fenstern.“

Die Uferabbrüche entlang der Sylter Westseite belaufen sich im Schnitt auf zehn Meter. Der Hindenburgdamm trägt schwere Schäden davon. Immerhin: Es gibt keine Toten zu beklagen. Doch zwischen Kampen und List werden zwei Männer erst am nächsten Morgen von einem Hausdach gerettet. Die Sachschäden auf Sylt belaufen sich auf mehr als fünf Millionen Mark.

Doch kaum ist das Schlimmste überstanden, quälen die Sylter Touristiker ganz andere Sorgen: Könnte die Katastrophe Touristen abschrecken? Die „Kurzeitung Sylt“ reklamiert: „In der Öffentlichkeit wurden Gerüchte über die Situation auf der Insel verbreitet, die nicht nur entstellt und übertrieben, sondern in einigen Fällen sogar absolut unwahr sind. Zahlreiche Anfragen, die bei den Kurverwaltungen von Zeitungen, Reisebüros und vor allem aus Gästekreisen eingingen, bestätigen dies. Zwar gab es erhebliche Uferabbrüche, aber zu keiner Zeit hat es Gefahr für Leib und Leben gegeben.“

Mit Sandsäcken versuchte man, die Flut einzudämmen:
Depot am Westerländer Rathaus

Schutt und zerborstene Scheiben: Die Arkade auf der Westerländer Promenade

Wie eine große Wolke türmt sich die Gischt am Brandenburger Strand im Norden Westerlands

Wie eine Kraterlandschaft wirkt dieser vormalige Strandweg am Morgen nach der Sturmflut

Die Bewohner dieses Gebäudes an der Westerländer Küste mussten sich wohl oder übel eine neue Bleibe suchen

Schwer angeschlagen: Das Westerländer Deckwerk

Das Meer machte kurzen Prozess: Der nördliche Teil der Westerländer Promenade liegt in Trümmern

Reichlich ramponiert: Ein zu einem Wohngebäude umfunktionierter Bunker im Norden Westerlands

Ein Strandcafé vor dem 16. Februar 1962 ...

... und nach der verheerenden Flut

Zwischen Rantum und Hörnum drang das Wasser bis an die Straße vor

Machte sich von den Sturmflutschäden auf Sylt vor Ort ein Bild: Schleswig-Holsteins Ministerpräsident Kai-Uwe von Hassel landete in einem Bundeswehr-Hubschrauber

Tausende Touristen sitzen fest: Die Sturmflut 1976

1976. Das neue Jahr nimmt keinen guten Anfang: Ein Sturmtief aus Island wandert am 3. Januar auf die schleswig-holsteinische Küste zu, peitscht die tosenden Wogen vor sich her. Schon am frühen Morgen ahnen die Meteorologen des Deutschen Hydrographischen Instituts in Hamburg, was sich da über der Nordsee zusammenbraut. Pausenlos setzen sie Katastrophenwarnungen an die Behörden ab. Am Mittag fegt das Sturmtief mit bis zu 170 Stundenkilometern über Sylt hinweg, durch eine Springflut steigen die Wasserstände auf knapp vier Meter an.

Zum ersten Mal seit der Einweihung des Damms im Jahre 1927 muss der Zugverkehr zeitweilig eingestellt werden. Das Wasser überspült die Landstraße zwischen Kampen und List, in Wenningstedt und Kampen bröckeln die Kliffe, zwischen Rantum und Hörnum frisst der „Blanke Hans" 30 Meter Dünen, im Osten droht der Nösse-Deich zu brechen. Ein ehemaliger Offizier der Marineversorgungsschule List erinnert sich an diesen stürmischen Tag: „Es fuhren keine Züge und keine Fähre. Tausende von Silvesterurlaubern standen im Stau. Feuerwehr und Soldaten sicherten den Lister Deich pausenlos mit Sandsäcken."

Für die Männer des in List stationierten Seenotrettungskreuzers scheint der Tag 48 Stunden zu haben – auf hoher See werden die Besatzungen von 19 Schiffen gerettet. Und Werner Höfer sitzt in Kampen fest. Zum ersten Mal muss er das populäre TV-Magazin „Der internationale Frühschoppen" via Telefon moderieren. In List schließlich setzen ausgerechnet an diesem Tag bei zwei hochschwangeren Frauen die Wehen ein. Dank eines Spezialfahrzeugs der Bundeswehr kann die überflutete Straße passiert werden, und die werdenden Mütter treffen rechtzeitig zur Entbindung in der Westerländer Nordseeklinik ein.

Die Sturmflut brandet an den Westerländer Strand …

… überspült die Promenade …

… und zerstört die Brüstung, lädiert die Musikmuschel

Sackgasse: Die Gehöfte im Osten Rantums sind vom Wasser eingeschlossen

Sylt-Ost droht die Evakuierung: Die Sturmflut 1981

Diese Sturmflut bringt einen unerfreulichen Rekord: Mit 4,05 Metern über dem normalen Hochwasser werden in Hörnum und List am 24. November 1981 die höchsten Pegelstände des Jahrhunderts gemessen. Wieder einmal sind die Folgen fatal: Der Orkan, der in Böen Stärke 14 erreicht, treibt das Meer bis zu 25 Meter tief in die Dünen hinein. Um 12.30 Uhr stoppt der Zugverkehr über den Damm, auch die Fähre bleibt im sicheren Lister Hafen. Die Straßen nach List, Hörnum und Morsum sind nun nicht mehr passierbar. Doch viel schlimmer ist: Im Sylter Osten droht der Nösse-Deich zu brechen.

Die Nachrichten, die aus den Lautsprechern der Radios dringen, verheißen nichts Gutes: „Der Landrat des Kreises Nordfriesland teilt mit: Im gesamten Gebiet herrscht eine sehr schwere Sturmflut. Deichstrecken mit nur einer Deichlinie sind erhöht überflutungsgefährdet", schnarrt die Stimme der Rundfunksprecherin aus dem Äther. Und dann wird sie konkret: „Der Nösse-Deich in Sylt-Ost wird überspült. Für Morsum und Archsum besteht Überflutungsgefahr. Die Bewohner werden gebeten, sich für eine Evakuierung bereit zu halten und weitere Mitteilungen über NDR 2 abzuwarten. Verständigen Sie bitte auch Ihre Nachbarn."

Es ist High Noon am Deich, an diesem Tag um 12 Uhr mittags. An mehreren Stellen schwappt das Wasser bereits über den seinerzeit knapp sechs Meter hohen Schutzwall. Die Feuerwehrmänner leisten Knochenarbeit, stützen den durchweichten Nösse-Deich mit Hunderten von Sandsäcken. Die Freiwillige Feuerwehr Archsum protokolliert: „11.53 Uhr: Wasser läuft über die Deichkrone. 12.40 Uhr: Die Zufahrtswege zum Deich werden gesperrt, da die Einsatzfahrzeuge durch Schaulustige behindert werden." Die benachbarte Feuerwehr in Morsum funkt an den Krisenstab im Westerländer Rathaus: „Um 12 Uhr war Wasserübertritt auf der gesamten Länge des Deichs zu beobachten. Der Deich drohte an mehreren Stellen zu brechen, die Böschung sackte teilweise ab. Unter Mithilfe der Bundeswehr wurden Sandsäcke gefüllt und an die beschädigten Abschnitte gebracht."

Endlich sinkt der Pegel. Doch wie knapp der Wettlauf mit der Zeit war, verdeutlicht die Sylter Tageszeitung am nächsten Morgen: „Hätte das Hochwasser eine Viertelstunde länger angehalten, so wäre der Deich gebrochen, sagte der Deichvorsteher." Und für die Söl'ring Foriining, den Sylter Heimatverein, steht wie für alle anderen fest: „Der Nösse-Deich hat in einem solchen Maße gelitten, dass jede Flickschusterei weg geworfenes Geld wäre. Eine Erhöhung muss dringend in Angriff genommen werden." Und so geschah es. Doch nicht nur im Osten der Insel wird man diesen Tag nicht so schnell vergessen. Ein Hörnumer erinnert sich mit Unbehagen: „Das Wasser trat über die Kaimauern des Hafens und stand einen halben Meter hoch auf der Straße. Auch die Hörnum-Odde hat schwer gelitten." In den Hörnumer Dünen wird eiligst die Gaststätte „Klar Kimming" geräumt. Als sich der Sturm gelegt hat, ragt ein Teil des Gebäudes bereits über die Dünenkante hinaus, direkt daneben endet abrupt ein Bohlenweg. Die Fluten haben ihn ebenso zerschlagen wie die Strandtreppe.

Anschaulich spiegeln Auszüge aus dem Protokollbuch des Sylter Katastrophenstabes die Lage am 24. November 1981 wider: „12.13 Uhr – Sirenenalarmierung für die Insel Sylt. 12.15 Uhr – Funkmeldung der Feuerwehr List: Straße nach List nicht mehr passierbar. 12.19 Uhr – Feuerwehr Morsum meldet: Wasser tritt über den Deich, dessen Innenseite vereinzelt abrutscht. Feuerwehr Tinnum meldet: Die Beobachtung der Schäden wird immer schwieriger. 12.40 Uhr – Polizei soll die Zufahrtsstraßen zum Nösse-Deich sperren, Schaulustige behindern die Einsatzfahrzeuge. 12.47 Uhr – Wassereinbruch im Spielcasino an der Westerländer Promenade. Die Feuerwehr wird gebeten, die dort noch befindlichen Personen zu retten. 12.54 Uhr – Funkmeldung der Feuerwehr List: Wassereinbruch in den Vordünen. 13.09 Uhr – Über Rundfunk werden die Einwohner von Archsum und Morsum gebeten, sich zur Evakuierung bereit zu halten. 13.14 Uhr – Straße nach Hörnum nicht mehr passierbar. 13.19 Uhr – Strandkiosk in Hörnum rutscht von Kante ab. 15.30 Uhr – Der Bahnverkehr zwischen Sylt und dem Festland ist inzwischen eingestellt. 15.37 Uhr – Weitere 5000 Sandsäcke sind von Westerland nach Morsum zu bringen." Erst um 1 Uhr nachts wird der Katastrophenalarm für Sylt wieder aufgehoben. Der Sturm ist auf acht bis neun Windstärken abgeflaut.

Wie bei der schweren Sturmflut fünf Jahre zuvor fällt das Meer auch diesmal über die Westerländer Promenade her …

… und beschädigt die Musikmuschel massiv

Kräftige Abbrüche am Wenningstedter Kliff und dem Promenadenweg

Und wieder einmal schleicht sich das Meer gefährlich nah an die Hörnumer Kersig-Siedlung heran

Eine Schneise der Verwüstung: Orkan „Anatol“ 1999

Wir schreiben den 4. Dezember 1999. Es ist der Tag eins nach einer Orkannacht, wie sie die Insel noch nicht erlebt hat. Am Morgen sind die Menschen aus ihren Häusern gekommen, blicken ungläubig auf ein Feld der Verwüstung. Orkantief „Anatol“ hat ganze Arbeit geleistet. Die kaum noch messbaren Sturmböen – bald 200 Stundenkilometer in der Spitze – haben Menschen zu Fall gebracht, komplette Dächer abgehoben, Autos unter Bäumen begraben, Wohnwagen auf die Seite geworfen und Verkehrsschilder wie Streichhölzer geknickt. Bilder, wie sie die Sylter bislang nur aus dem Fernsehen kannten: „Als wäre ein Hurrikan über eine amerikanische Kleinstadt gewalzt“, sagt Westerlands Bürgermeisterin.

Am Tag eins hat sich der Sturm von einem rasenden Wolf in ein zahmes Lamm verwandelt. Schon im Morgengrauen haben die Aufräumarbeiten begonnen. Die Helfer räumen Straßen und Wege von Bäumen frei. An vielen Häusern lehnen Leitern – die Besitzer bessern notdürftig die Löcher aus, die ihnen der Sturm in die Dächer gefressen hat. Im Westerländer Kurzentrum schaut ein Ehepaar aus dem glaslosen Fenster seiner Ferienwohnung – Dachplatten des Nachbarhauses haben die Scheibe in tausend Splitter zerschlagen. Auf was wartet das Ehepaar? „Auf den Mann von der Versicherung“, rufen die beiden hinunter. Aber da können sie vermutlich noch lange warten. „Das Telefon steht nicht mehr still – über 60 Kunden haben bereits Schäden gemeldet“, stöhnt ein Sylter Versicherungsmakler. Ein teurer Tag für seine Branche: „Der Sachschaden auf Sylt wird in die Millionen gehen“, schwant es ihm schon jetzt.

Der 3. Dezember 1999 – ein rabenschwarzer Tag für Sylt. Am Nachmittag hatte das Unheil seinen Lauf genommen. Immer stärker fegte das Orkantief über das Eiland, immer höher brandeten die Wellen an Strand und Deiche. Gegen 18.30 Uhr spitzt sich die Lage dramatisch zu: Auf dem Festland reißt eine Strom-Freilandleitung, die Insel sitzt im Dunkeln. Westerlands Bürgermeisterin löst Katastrophenalarm aus – und gibt über Rundfunk bekannt: „Die Sylter sollen ihre Häuser nicht mehr verlassen.“

Zur selben Zeit fährt ein junger Polizeibeamter mit seinem Streifenwagen durch das Westerländer Kurzentrum. „Verlassen Sie sofort diesen Bereich“, warnt er Passanten über das

Megafon. Für einige kommt die Warnung zu spät: Sie retten sich in Geschäfte oder werden zum Spielball des Sturms: Acht Verletzte gibt es in dieser Nacht, Knochenbrüche und Kopfverletzungen sind die Folge von Stürzen oder herumwirbelnden Gegenständen. In der Nordseeklinik wird in Doppelschicht gearbeitet. Das Westerländer Kurzentrum wird komplett abgesperrt. Doch nicht jeder zeigt sich einsichtig: Eine Frau wundert sich, als ihr ein Polizeibeamter den Weg verstellt. „Ich will doch nur eben schnell zum Blumenladen." Der Polizist entgegnet milde: „Und Sie glauben wirklich, dass der noch auf hat?"

Wer sich in dieser Nacht wie der Autor dieser Zeilen auf den Weg über die Insel macht, erlebt die gespenstischste Autofahrt seines Lebens: Sturmböen schütteln den Wagen durch, Zweige prallen auf die Windschutzscheibe. Nur der Schein von rotierenden Blaulichtern durchdringt hier und da die Dunkelheit. Die Feuerwehrleute kämpfen bis zur Erschöpfung: Über 400 Einsätze haben sie zu bewältigen. „Abgedeckte Dächer, eingestürzte Giebel, umgekippte Bäume – 250 mal mussten wir raus", berichtet Westerlands stellvertretender Wehrführer. „Die Männer haben zwölf Stunden lang bis zur physischen Erschöpfung gearbeitet." Und das geht nicht ohne Blessuren ab: Bei einer Einsatzfahrt schlägt unvermittelt ein Baum auf die Frontscheibe eines Feuerwehrfahrzeugs.

Auch der Abschleppdienst hat alle Hände voll zu tun: „Bei uns steht die Halle voll mit demolierten Autos – kaputte Scheiben, ausgehebelte Türen." Zwei Autos wurden aus überfluteten Bereichen gezogen – eine Familie konnte sich gerade noch aus ihrem Fahrzeug retten, das bereits zu schwimmen begann. Später berichtet der Vater: „Ich war mit meiner Frau und meinen beiden Töchtern auf dem Weg nach Hause. Durch die Dunkelheit und den Sturm haben wir die Überflutung der Straße zu spät erkannt – da soff auch schon der Motor ab. Wir stiegen vorsichtig aus und standen gleich knietief im Wasser. Behutsam haben wir uns Schritt für Schritt vorangetastet, der Sturm und die Wellen haben uns fast weggerissen. Auf der Straße haben wir dann ein anderes Auto angehalten. Unser Wagen wurde später von einem Trecker aus dem Wasser gezogen."

Andere erleben ein Horrorszenario auf dem Hindenburgdamm. Am Nachmittag war der Autozug planmäßig von Niebüll abgefahren. Doch statt der 40-minütigen Überfahrt erlebten die Reisenden eine sechseinhalbstündige Odyssee. Kurz vor dem Damm hatte der Orkan die Notbremse ausgelöst und blockiert. Eine Sylterin erinnert sich mit Schaudern: „Es war stockdunkel, der Sturm rüttelte an dem Zug – und die Zeit verstrich." Erst nach vier Stunden setzte sich der Autozug zaghaft in Bewegung und rollte im Schritttempo über den Damm. „Die Gischt schlug bis an die Autos heran."

An der Sylter Küste hat die Nacht tiefe Narben hinterlassen: Die Strände sind völlig ausgeräumt, Kliffe und Randdünen wurden vielfach abgerissen. Dabei war dies angesichts eines Wasserstands von drei Metern über normalem Hochwasser für die Insel Sylt keine außergewöhnlich hohe Sturmflut. Doch der Sturm selbst war verheerend. „Ich habe mit vielen alten Syltern gesprochen“, sagt der Morsumer Pastor. „Keiner konnte sich erinnern, jemals einen solch gewaltigen Orkan erlebt zu haben.“

Auch in den Wäldchen der Insel hat „Anatol“ eine Schneise der Verwüstung hinterlassen: Zehn Hektar Waldfläche sind dem Erdboden gleichgemacht. Die entwurzelten Bäume werden nach und nach abtransportiert – sie füllen 60 mal eine Lkw-Ladefläche. Drei Monate später laufen die ersten Maßnahmen zur Wiederaufforstung an. „Vor allem die hohen Bäume mit breiten Kronen boten dem Orkan optimale Angriffsmöglichkeiten. Vorrangig waren es Kiefern und Fichten, die umgestürzt sind“, weiß der zuständige Bezirksförster. Einziger Vorteil: „Wir können jetzt Mischwälder anpflanzen und die Monostruktur der Wäldchen auflockern.“

Während „Anatol“ über Sylt hinweg fegt, treibt zur selben Zeit nur neun Seemeilen weiter westlich das 185 Meter lange chinesische Frachtschiff „Lucky Fortune“ mit Maschinenschaden hilflos in den acht Meter hohen Wellen. An Bord: 1200 Tonnen Schweröl! Kommt es nach dem Sturm nun auch noch zu einer Umweltkatastrophe? Erst um 5.30 Uhr am Morgen des 4. Dezember gelingt es dem Hochseeschlepper „Oceanic“, den Havaristen in Schlepptau zu nehmen und die Gefahr einer Strandung zu bannen. Später wird das Seeamt im Untersuchungsbericht feststellen, dass „zu wenig Ballast an Bord der 'Lucky Fortune', keine umsichtige Reiseplanung und ungenügende Sprachkenntnisse seitens der Besatzung die Krisensituation herbeigeführt haben“.

Nicht nur das Auto, sondern auch sein Besitzer waren am Tag nach „Anatol“ bei diesem unerquicklichen Anblick geplättet

Eine regelrechte Schneise zog der Jahrhundertsturm durch dieses Wäldchen nördlich von Braderup – nur wenige Bäume blieben stehen

Aus der Not eine Tugend machte der Besitzer des Kampener Lokals „Kupferkanne“: Er stellte einige der 600 entwurzelten Bäume kurzerhand auf den Kopf

Künstlerisches Mahnmal: Statt Laubkronen ragt verzweigtes Wurzelwerk in den Himmel, wobei die mächtigen Äste als Stützen dienen

Auch diese Uhr auf der Westerländer Promenade vermochte „Anatol" nicht stand zu halten

Hilflos treibt der Frachter „Lucky Fortune" im Meer – und bedroht Sylt mit einer Ölkatastrophe

Sturmfluten im neuen Jahrtausend

Das Millennium ist erst einen Monat alt, da macht „Kerstin“ die Insel unsicher. Mit zwölf Windstärken und 150 Stundenkilometern wirbelt das Sturmtief am 30. Januar 2000 über Sylt hinweg. Der Autozug- und Fährverkehr zum Festland muss am frühen Morgen eingestellt werden. Die Sylter Feuerwehren sichern Dächer und schwankende Baugerüste. Im Süden der Insel werden bis zu 15 Metern Vordünen weggerissen, am Strand bildet sich ein meterhohes Steilufer. In Westerland zertrümmert das Meer Teile der hölzernen Wandelbahn, schwappen die Wellen bis auf die Promenade. In Kampen brechen große Teile des Roten Kliffs ab. Das prominente Haus „Kliffende“, in dem einst der Schriftsteller Thomas Mann und der Maler Emil Nolde logierten, steht jetzt nur noch 50 Meter von der Kampener Kliffkante entfernt.

Ein seltenes Phänomen richtet am Pfingstsonntag 2003 auf Sylt einigen Schaden an: Ein Sommersturm tobt sich aus. Schlimmer als die materiellen Verluste wiegt, dass ein 65-Jähriger von seinem umgewehten Wohnmobil erschlagen wird. Er ist nicht das einzige Todesopfer an diesem Tag: Die heftigen Unwetter, die über weite Teile Deutschlands ziehen, kosten zwölf Menschen das Leben.

Auch das Jahr 2005 nimmt für Sylt keinen guten Anfang: Mit Windgeschwindigkeiten von bis zu 140 beziehungsweise 180 Stundenkilometern peitschen im Januar zwei schwere Stürme über das Eiland. Wieder nagt das Meer kräftig am Sandpolster der Insel. Umstürzende Gartenzäune, Laternen und Strandkörbe: Die Sylter Feuerwehren sind im Dauerstress. Am Kampener Strand kippen die Böen die Skigondel auf die Seite, ein Gastgeschenk von Kampens österreichischer Partnergemeinde Lech am Arlberg. In Munkmarsch steigt das Wasser bedrohlich hoch bis an die Terrasse des Sterne-Restaurants „Fährhaus Sylt“. Den kuriosesten Einsatz vermeldet die Westerländer Feuerwehr: Ein nur mit Unterhose bekleideter Urlauber war während des Sturms auf den Balkon seines Appartements im achten Stock des Westerländer Kurzentrums hinaus getreten, um das tosende Meer zu fotografieren. Durch eine Böe fiel die Balkontür zu und verriegelte sich. Erst nach längerem Rufen und Winken konnte der unfreiwillig Ausgesperrte Passanten auf seine missliche Lage aufmerksam machen und von der Polizei aus der Notlage befreit werden.

Diese Strandtreppe in Hörnum führte nach Orkan „Kerstin" ins Nichts

Das Meer droht die Wandelbahn am Kampener Strand zu unterspülen

Welche Kraft ein schwerer Sturm entfachen kann, zeigte sich 2005, als Orkan „Erwin" am Kampener eine 780 Kilo schwere Skigondel umkippte – ein originelles Gastgeschenk von Kampens österreichischer Partnergemeinde Lech am Arlberg

Orkan „Erwin" riss etliche Sandfangzäune ins Meer

Die Düne bricht: Sylts Südzipfel verlor in den vergangenen Jahrzehnten besonders viel Substanz

Wie hier in Kampen gehen bei jeder schweren Sturmflut gleich mehrere Meter Dünen verloren – der Schutzwall schmilzt Stück für Stück

Spaziergang mit Hindernissen: Wer nicht aufpasst, den bringt ein Sturm schnell zu Fall. Es wäre nicht das erste Mal, dass Opfer mit Knochenbrüchen ins Krankenhaus eingeliefert werden

Schau mal, was für Wellen! Winterurlauber lernen die Nordsee von ihrer anderen Seite kennen

Im Januar 2007 fegt das Orkantief „Kyrill“ mit über 150 Stundenkilometern über Norddeutschland hinweg. Und das so zügig, dass Sylt mit relativ geringen Blessuren davon kommt. Ein weiterer Glücksfall: Das Zentrum des Sturms traf bei Ebbe ein. Dennoch: „Kyrill“ wie auch ein weiterer Sturm kurz zuvor haben gemeinsam etliche Meter der Sylter Südspitze geschluckt. Insgesamt, so schätzt der Vorsitzende des Landschaftszweckverbands Sylt, haben sich die Sandverluste seit Herbst 2006 auf nunmehr etwa 800.000 Kubikmeter summiert. Ruppig zeigt sich im November 2007 auch Sturm „Tilo“: Bis zu zwei Meter Strand gehen entlang der Sylter Westküste verloren, die Sandvorspülungen des Sommers sind schon wieder nahezu aufgezehrt.

Am ersten Märztag des Jahres 2008 lehrt „Emma“ ganz Europa das Fürchten. Quer über die Landesgrenzen hinweg hinterlässt der Orkan eine Spur der Verwüstung, mehr als ein Dutzend Menschen sterben. Sylt kommt relativ glimpflich davon. Dafür sorgt die resolute Dame im Süden der Insel auch lange nach ihrem Verschwinden noch für Aufsehen: An der Hörnumer Dünenkante war ein mächtiger Bunker freigespült worden, den „Emma“ zum Bersten brachte. Das stattliche Relikt des Zweiten Weltkriegs wird zur Touristenattraktion und hält Einzug in unzählige private Fotoalben. Erst im September 2008 wird der 2000 Tonnen schwere Koloss Stück für Stück abgetragen und zerkleinert. Kostenpunkt: Stolze 200.000 Euro.

Doch kaum sind die Mengen von Beton entsorgt, halten die Launen der Natur eine weitere Überraschung parat: Das Meer schält im Dezember 2008 einen zweiten Bunker aus den Hörnumer Dünen. Einen Monat später bricht auch dieses Monstrum entzwei – Spaziergänger, die sich den Bunker gerade aus nächster Nähe ansehen wollen, können sich gerade noch rechtzeitig in Sicherheit bringen. Die Behörden reagieren umgehend: Damit niemand zu Schaden kommt, wird der Bunker umzäunt. Im Februar 2008 rücken erneut Bagger an und zerlegen auch dieses Kriegsrelikt.

Den Naturgewalten ganz nah: Ein Urlauber hält die von Orkan „Tilo“ angefachte Brandung im Bild fest

Sturm „Tilo“ ist vorüber – vor einem Wenningstedter Strandrestaurant künden noch einige Sandsäcke von den Schutzmaßnahmen

Im März 2008 peitscht Orkan „Emma“ die Wellen hoch –
Schaulustige beobachten das Geschehen an der Westerländer Musikmuschel

Auch am Roten Kliff in Kampen hat „Emma“ deutliche Spuren hinterlassen

An dem Tag, an dem Orkan „Emma" über Sylt fegt, wird am Wenningstedter Strand sicherlich kein Strandkorb vermietet – stattdessen werden Holzpodeste und Strandtreppen schwer beschädigt

Korb-
Vermietung

Sturmfluten legten 2008 diese beiden Bunker an der Hörnumer Westküste frei

Ein Koloss kommt zu Fall: Vom Meer aus den Dünen frei geschält, brach dieser Bunker schließlich in zwei Teile

Am 18. November 2009 weht eine steife Brise unbedarften Spaziergängern in der Westerländer Friedrichstraße und andernorts die Hüte und Mützen von den Köpfen. Zu Blessuren kommt es glücklicherweise nicht, wenngleich Orkantief „Jürgen“ mit bis zu zwölf Windstärken mächtig aufdreht. Dafür sorgt „Jürgen“ für einige Sachschäden: Am Kurzentrum hält die Fensterfront eines Geschäfts dem Druck nicht stand und zersplittert in tausend Teile. In der Nähe droht ein Baugerüst einzustürzen, auch ein Schornstein muss von der Feuerwehr gesichert werden. Fünf Stunden lang fährt kein Autozug über den Damm. Am Abend dann beruhigt sich die Lage.

Der nächste schwere Sturm lässt dann zwei Jahre auf sich warten. Am 8. Dezember 2011 rüttelt „Friedhelm“ die Insel durch. So manche Weihnachtsbeleuchtung kann den Böen bei bis zu elf Windstärken nicht widerstehen, und auch am Strand werden einige Schäden verzeichnet. In Kampen etwa hat das Meer einen großen Teil des Sandes unterhalb der Aussichtsplattform am Hauptstrand geschluckt. Ähnlich prekär ist die Lage bei dem auf einer Pfahlkonstruktion ruhenden Strandbistro „Wonnemeyer“ in Wenningstedt. Da hilft es auch nicht, dass die Sylter Kinder schulfrei bekommen und Petrus das Sturmszenario zeitweise in schönstes Licht setzt – zahlreiche Passanten halten den beeindruckenden Anblick aufgepeitschter Wellen im strahlenden Sonnenschein in Fotos und Videos fest.

So wie 2011 endete, beginnt 2012: Stürmische Zeiten bringt der 5. Januar mit sich. Schuld ist „Andrea“. Zwölf Windstärken entfacht die resolute Dame und lässt die Flut zwei Meter über den normalen Pegel steigen. An der Sylter Südspitze werden die Depots der diesjährigen Sandvorspülung nahezu komplett ausgeräumt, der Treppenaufgang zur Hörnumer Strandsauna ist zerstört. „Hörnum hat unter dem Orkan schwer gelitten“, bilanziert der Bürgermeister. Der Autozugverkehr wird an diesem Tag zeitweilig eingestellt, die größten Sachschäden sind in der ehemaligen Lister Kaserne zu verzeichnen, die gerade zu einem Internat umgebaut werden soll: Im Keller des Hauptgebäudes steht das Wasser knietief, von den Außenmauern der Wohngebäude wurde der frisch aufgebrachte Putz regelrecht abgewaschen.

An einem Geschäft im Westerländer Kurzentrum bringt Orkantief „Jürgen"
die Schaufensterscheibe zum Bersten

Ganz Wagemutige unternahmen auf der Promenade am Brandenburger Strand
einen feucht-fröhlichen Spaziergang…

Die Spuren des Orkans „Friedhelm": Unter der Kampener Aussichtsplattform fehlen meterweise Sand

Am Strand vor dem Roten Kliff hat das Meer auf breiter Front Sand geschluckt, eine steile Abbruchkante ist das augenscheinliche Resultat

Blick vom Kampener Kliff hinab zum Strand. Sturm „Andrea“ und Starkregen ließen die Kliffkante bröckeln

In Hörnum zerschlägt „Andrea“ den hölzernen Überweg von den Dünen hinab zum Strand

Zum Ende des Jahres 2013 fallen gleich zwei schwere Stürme über die Insel her. Am 27. Oktober 2013 ist es Orkantief „Christian", das mit bis zu 184 km/h über das Eiland fegt. Sylt ist vom Festland über Stunden abgeschnitten, die Feuerwehren rücken zu über hundert Einsätzen aus. Bäume stürzen auf Straßen, in Keitum wird ein großer, leerer Container auf die Kreisstraße geweht. Von Hausdächern fliegen Ziegel und machen den Aufenthalt im Freien lebensgefährlich – in der Westerländer Innenstadt flüchten zahllose Passanten in Geschäfte. Andere kommen zu spät: Zwei Dutzend Menschen werden mit Prellungen oder Kopfverletzungen in die Nordseeklinik eingeliefert. Wegen zerborstener Scheiben muss in Westerland eine Kurklinik evakuiert werden; 120 Kinder und 70 Erwachsene übernachten notgedrungen in einer Halle auf dem Flughafen. Am Tag danach kann sich der Inhaber einer Dachdeckerei vor Aufträgen nicht retten: 150 Schadensfälle werden ihm binnen Stunden gemeldet, und bei den Kollegen ist es kaum anders.

Viel Zeit zum Durchatmen bleibt den Syltern nicht: In der Nacht vom 5. auf den 6. Dezember 2013 walzt Sturmtief „Xaver" mit bis zu 174 km/h über Sylt. Zahlreiche Vordünen brechen entlang der Westküste ab, an der Nordseeklinik wird der Großteil eines tausend Quadratmeter großen Daches abgetragen und zertrümmert. Der kritischste Punkt jedoch ist diesmal die Sylter Ostküste: In Keitum dringt das aufgewühlte Wattenmeer im Alten Kirchenweg auf einer Breite von 50 Metern bis zu den Häusern vor, flutet mehrere Keller und Gärten. Mit Tausenden von Sandsäcken schichten zahlreiche Feuerwehrwehrleute während des Orkans bis zur Erschöpfung eine Barriere auf, die Schlimmeres verhindert. „Der Sturm hat die Kameraden an ihre Leistungsgrenzen gebracht worden – viele waren über 30 Stunden im Dauereinsatz", resümiert ein Sylter Wehrführer.

Um bei künftigen Sturmfluten für den Fall der Fälle gerüstet zu sein, musste am Alten Kirchenweg ein neuer Hochwasserschutz das bisherige Stückwerk der kleinen Privatdeiche ersetzen. Für die betroffenen Anwohner jedoch ein teures Unterfangen: Rund 160.000 Euro kostete der neue Schutzwall. Für eine finanzielle Entlastung sorgten dabei die Stiftung Küstenschutz Sylt und der Landschaftszweckverband Sylt mit einem Zuschuss von 75.000 Euro. Der neue Keitumer Hochwasserschutz wurde binnen zwei Monaten angelegt. Das 250 Meter lange Bollwerk mit seinem abgeflachten Außenprofil weist eine Höhe von 4,80 Meter über Normal null auf und ist mit einer Deichfußsicherung versehen. „Ein sehr beruhigendes Gefühl für uns alle", freuten sich die anwesenden Anwohner bei einer gemeinsamen Begehung.

Der nächste kräftige Sturm suchte Sylt 2016 ausgerechnet am zweiten Weihnachtsfeiertag heim: Tief „Barbara“ setzt den Verkehr der Autozüge für mehrere Stunden aus, in der Westerländer Innenstadt müssen Feuerwehrleute die Weihnachtsbeleuchtung sichern und zum Teil abmontieren. Gleichwohl einige Unentwegte schon eine Warteschlange bilden, wird das traditionelle „Westerländer Weihnachtsbaden“ abgesagt – zum ersten Mal in seiner 31 Jahre währenden Geschichte. Und über dem Sylter Flughafen dreht eine vollbesetzte Linienmaschine eine unfreiwillige Ehrenrunde: Den ersten Landeanflug müssen die Piloten sturmbedingt abbrechen und durchstarten – beim zweiten Anflug läuft dann alles glatt. Das Jahr 2017 beginnt sogleich mit kräftigen Winden: "Sturmtief" Axel löst in der Nacht zum 4. Januar Dachziegel, kippt Verkehrsschilder um und auf einem Geschäftshaus in der Westerländer City müssen Feuerwehrleute das gelockerte Dach mit Sandsäcken beschweren.

Geben und Nehmen: Mit frischen Sandvorspülungen wappnet sich die Sylter Küste 2017. Denn der nächste Orkan kommt bestimmt. Bis dahin können Urlauber aber selbst am schönsten Sommertag eine Ahnung von den Unbilden der Natur bekommen: Im „Sturmraum“ des „Erlebniszentrums Naturgewalten“ am Lister Hafen simuliert eine Windmaschine, wie sich eine steife Brise denn so anfühlt.

Auf dem Westerländer Campingplatz kippte Sturmtief „Christian“ einen Wohnwagen auf die Seite

Nach dem Sturm „Christian" wurde das Hörnumer Unterfeuer vorsorglich abgebaut – beim nächsten Sturm wäre es unweigerlich über die Dünenkante gekippt

Orkan „Xaver" wütete an diesem betagten Gebäude in der Westerländer Innenstadt …

… und machte aus dieser Hörnumer Strandtreppe Kleinholz

Für manch unvorsichtigen Zaungast sind die anprallenden Wellen ein besonderes Schauspiel …

… während Feuerwehrleute in Westerland mühselig ein Dach mit Sandsäcken beschweren

In Keitum drückt „Xaver" das Meer bis in den Ort hinein, nur eine Barrikade von Sandsäcken kann weiteres Unheil verhindern

Riesige Brecher lässt Sturmtief „Barbara“ an die Westerländer Promenade prallen

Ruhe nach dem Sturm: Spaziergänger wandeln auf der Munkmarscher Brücke über die gefluteten Weiden

Küstenschutz

Seit bald tausend Jahren versuchen die Menschen auf Sylt, sich gegen den Ansturm des Meeres zu schützen. Die Methoden indes wandelten sich im Laufe der Zeit. Heute setzt man auf traditionelle wie moderne Verfahren: So dienen der Deichbau und die Bepflanzung von Dünen als herkömmliche Maßnahmen ebenso dem Küstenschutz wie die Sandvorspülungen der Neuzeit. Von den verschiedensten Versuchen, dem „Blanken Hans" Einhalt zu bieten, von zum Teil äußerst kuriosen Ideen für den Küstenschutz und einem Ausblick in die Zukunft handeln die nachfolgenden Kapitel.

Deiche

„Wer nicht will deichen, der muss weichen." So lautet ein überlieferter Wahlspruch der Menschen, die in der Nachbarschaft zur Nordsee leben. Bereits zur Zeit des Mittelalters wurden auf Sylt erste wallartige Erdaufschüttungen vorgenommen. Doch bei Sturmfluten wurden die Deiche immer wieder überspült oder gar durchbrochen. Die Gründe: Früher waren die Deiche nicht sonderlich hoch. Und sie hatten einen großen Nachteil: Sie waren an der See- und Landseite zu steil. Der Aufprall der Wellen riss daher schnell Löcher in den Schutzwall. Erst spät wuchs die Erkenntnis, den Deichen ein neues Profil zu geben: Sie wurden deutlich breiter und bekamen eine langsam ansteigende Außenböschung. So können sich die Wellen ausrollen und verlieren dabei viel von ihrer Energie.

Auch die Höhe der Deiche muss ständig angepasst werden. Dies verdeutlicht der Nösse-Deich zwischen Morsum und Tinnum, mit zehn Kilometern die längste Sylter Deichlinie. Bis zu seinem relativ späten Bau war das Hinterland den Sturmfluten hilflos ausgeliefert. Immer wieder stand das Wasser in den Dörfern, und manchmal gab es auch Tote. In den Jahren 1936 und 1937 wurde dann das schützende Bollwerk von 700 Arbeitern in Tag- und Nachtschichten gebaut. Doch auch dadurch war die Gefahr nicht gänzlich gebannt: Das alte Sylter Sprichwort „Diar di Dik liigst es, gair di Flör jest aur" („Wo der Deich am niedrigsten ist, geht die Flut zuerst rüber") sollte sich schon bald bewahrheiten: Einige Sturmfluten überspülten den Deich und rissen Löcher in das Bollwerk. Zuletzt drohte der Nösse-Deich bei der schweren Sturmflut des Jahres 1981 zu brechen. Die Konsequenz: Der Nösse-Deich wurde in den Jahren 1982 bis 1993 im Laufe von vier Bauabschnitten verstärkt und von fünf auf 7,7 Meter erhöht.

Die Sylter Deichlinien messen heute 22 Kilometer. Sie schützen die Bereiche zwischen Morsum und Tinnum, zwischen Tinnum und Westerland sowie die Ortschaften List und Rantum. Gemeinsam ist allen Deichen ihr Aufbau: Über einem Kern aus Sand wird eine schwere Kleischicht aufgetragen, die an der Außenseite etwa einen Meter Durchmesser misst, an der Innenböschung etwa 60 Zentimeter. Auf dem Klei wiederum wächst eine Grasschicht, die von Schafen fest getrampelt und kurz gehalten wird.

Großprojekt im Inselosten: Der Nösse-Deich wurde in den Jahren 1982 bis 1993 verstärkt und erhöht

Bevor der Deich im Osten Rantums gebaut wurde, drang das Wasser bei schweren Sturmfluten bis in die Gehöfte ein

Das nördlichsten Bollwerk: Der Möwenbergdeich schützt die Ortschaft List

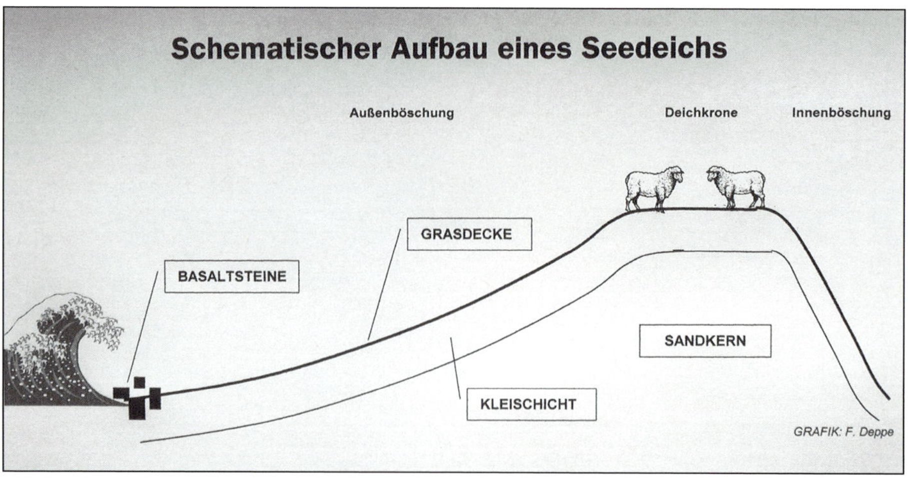

Die Außenböschungen wurden früher ähnlich steil wie die Innenböschungen angelegt. Bis man erkannte, dass sich die Wellen an einer flachen Steigung ausrollen und weniger Schaden anrichten

Warften

Warften gleichen von ihrer Schichtung her einem Deich. Auch hier liegt auf einem Sandkern eine Schicht Kleierde, die mit Grassoden bedeckt ist. Doch während Deiche ganze Gebiete sichern, schützen Warften nur einzelne Häuser oder Gehöfte. Das Anlegen dieser kleinen Hügel, auf denen anschließend Häuser gebaut wurden, machte man sich dort zunutze, wo es keine Deiche gab. So etwa in Archsum, wo das Meer bis zum Bau des Nösse-Deichs bei Sturmfluten immer wieder bis ins Dorf strömte. Wie kleine Inseln ragten dann die Häuser auf den Warften aus dem Wasser heraus.

Der Bau von Warften hat eine lange Tradition: Bereits im dritten Jahrhundert vor Christus soll es sie an der Nordseeküste gegeben haben. So berichtete ein römischer Chronist: „Im Norden haust ein bejammernswertes Volk auf nach Maßgabe der höchsten Flut aufgeworfenen Hügeln." In Ostfriesland reihten sich die einzelnen Warften bisweilen so dicht aneinander, das sie ganze Dörfer trugen. Auf den nahe bei Sylt gelegenen Halligen sind Warften für den Hochwasserschutz indes noch heute unverzichtbar.

Wie hier in Archsum stehen auch heute noch einige alte Friesenhäuser auf Warften

Dünenbepflanzungen

Schon früh – erste Aufzeichnungen datieren aus dem 16. Jahrhundert – begannen die Sylter, die Dünen zu bepflanzen. Und das aus zwei guten Gründen: Zum einen boten die Dünen einen natürlichen Schutzwall gegen das Meer, zum anderen begrub der wandernde Sand oftmals Häuser, ja sogar ganze Siedlungen unter sich. Besonders die Ortschaft Rantum litt unter dem Treibsand – mehrfach musste die Kirche deshalb an anderer Stelle neu erbaut werden.

Ein Reisender notierte 1757 nach seinen Wanderungen über die Insel: „Auf den Dünen wächst eine Art von Stroh. Es schlägt tiefe Wurzeln um sich und hindert den Wind, dass dieser den Flugsand nicht so fortwehen kann. Die Einwohner verpflanzen dieses Stroh an Orte, wo es nötig ist, und hemmen dadurch den Fluss des Sandes, so dass sich dieser allmählich legt."

Das Bepflanzen der Dünen war zeitweise Bürgerspflicht. So notierte ein Chronist Mitte des 19. Jahrhunderts: „Das Dünenbepflanzen wird von dem Strand- und Düneninspector anbefohlen und geleitet. Hierzu muss jedes Haus, auch wenn es öde stehet, eine Person stellen. Bey sturmfreien Jahren erfordert das Bepflanzen gewöhnlich für jedes Haus vier, fünf oder sechs halbe Tage, aber bey stürmischen Jahren weit mehr." Anno 1864 erließ die preußische Regierung eine grundlegende Regelung für den Dünenschutz: Diese umfasste neben der Dünenbepflanzung mit Strandhafer auch das Anlegen von Vordünen und die Errichtung von Sandfangzäunen.

Nur wenige Pflanzen jedoch können auf dem kargen Sandboden der Dünen existieren. Dazu gehören vor allem der Strandhafer und der Sandroggen; um in dem feinen Sand Halt zu finden, erreichen ihre Wurzeln eine Länge von bis zu 20 Metern. Schon im 17. Jahrhundert schickten die Sylter Schiffe nach Holland aus, um dort Sandroggen-Pflanzen an Bord zu nehmen. Doch es war ein mühsames Unterfangen, wie ein Besucher 1875 berichtete: „Umsonst, dass die Bewohner Rantums dem Ansturz des Meeres, dem Wandern der Dünen Einhalt zu tun versuchen. Sie bepflanzen die Dünen eine nach der anderen mit Sandroggen, aber so hart diese Arbeit ist, so ist schon eine Sturmflut im Stande, das Resultat hinwegzufegen."

Dennoch sind Halmanpflanzungen auch heute noch ein probates Mittel. Durchgeführt werden sie in den Monaten September bis April, wobei der Anwachserfolg bei 80 bis 90 Prozent liegt. Durchschnittlich zwölf Hektar pro Jahr – das entspricht der Größe von 20

Fußballplätzen – wurden auf Sylt allein zwischen 1985 und 1994 bepflanzt. Heute fällt diese Größenordnung aus Kostengründen und Personalmangel etwas geringer aus. Während es zwischen Hörnum und List kaum kahle Stellen gibt, findet sich im Norden Sylts die Ausnahme der Regel: Die Lister Wanderdünen, die als Kulturdenkmal eingestuft sind, werden nicht bepflanzt und dürfen sich weiterhin bewegen – bis zu fünf Meter pro Jahr.

Küstenschutz mit langer Tradition:
Bereits seit fünf Jahrhunderten werden die Sylter Dünen bepflanzt

Die Dünenkette wehrt sich gegen das angreifende Meer:
Ohne Bewuchs wäre sie eine leichte Beute

In kleinen Hütten lagerten die Dünenpflanzer früher
Arbeitsgerät und Proviant für ihre langen Arbeitstage

Sandfangzäune

An Sylts Stränden werden pro Jahr an die 100 Kilometer Sandfangzäune gesetzt und repariert. Diese Zäune aus kleinen Hölzern und Reisigbüscheln dienen dem Auffangen von Flugsand. In einer Höhe von 50 bis 120 Zentimetern über Strandniveau und 20 bis 40 Zentimeter tief in den Sand eingegraben, sind sie in wechselnden Quer- und Diagonalreihen angeordnet. In der Regel werden die Sandfangzäune vor den Dünengürteln in Abständen von jeweils vier bis zehn Metern gesetzt. So können pro Jahr auf einem Meter Küstenlänge durch mehrere Zaunreihen etwa acht Kubikmeter Sand gefangen werden.

Fangen den Flugsand auf: Sandfangzäune unterhalb des Kampener Kliffs

Wie ein Netz umspannen lange Reihen von Sandfangzäunen die Dünen an der Hörnum-Odde

Buhnen

„Auf einmal schallt von unten dumpfes Stimmengemurmel herauf, Fackeln mit brennendem Pech huschen vorüber, der Fall und Stoß eines schweren Körpers wiederholt sich in kurzen, regelmäßigen Zwischenräumen. Die Buhnenarbeiter sind's, die an ihr nächtliches Werk gehen. Sie können nur zur Ebbezeit arbeiten und müssen daher auch die Nacht zu Rate ziehen. Sie rammen Pfähle von wuchtigem Holz ein und bauen Dämme zur Sicherung der bedrohten Küste, die seit Jahrhunderten schutzlos da gelegen.“ So anschaulich schilderte der Literat Julius Rodenberg 1869 seine nächtlichen Beobachtungen am Westerländer Strand.

Buhnen sind Pfahlreihen, die in einem rechten Winkel zum Strand ins Wasser hinein verlaufen. Bestanden die ersten dieser Bollwerke noch aus massiven Eichenholzstämmen, so versuchte man es später mit Eisen und mit Stahlbeton. Die ersten Buhnen wurden 1867 vor der Sylter Küste sechs Meter tief in den Sand gerammt und ragten einen Meter aus dem Wasser heraus. 1899 staffelte sich entlang der Sylter Westseite bereits ein System von 138 Buhnenreihen auf einer Küstenlänge von 22 Kilometern.

Der Ausbau schritt also voran, doch wechselten im Laufe der Zeit die Materialien. Bereits 1878 wurde probehalber die erste Steinbuhne konstruiert, 1913 die erste Buhne aus Eisenbeton. 1921 versuchte man es mit Stahlspundwänden und ab 1949 auch mit Stahlbetonbuhnen. Allein: Die gewünschte Wirkung – die Buhnen sollten die Strömung vor dem Ufer brechen und Sandablagerungen bewirken – stellte sich nicht ein. „Eine entscheidende Verringerung des Küstenabbruchs durch Buhnen der unterschiedlichsten Bauformen ist nicht nachzuweisen“, resümierte nachträglich das für den Küstenschutz zuständige Amt für ländliche Räume.

Heute künden entlang der Sylter Westküste einige mehr oder minder verfallene Buhnenreihen von diesem fehlgeschlagenen Experiment. Da für Badende gerade von den scharfkantigen Stahlspundwänden eine erhebliche Verletzungsgefahr ausgeht, wurden diese in den Jahren 1971 bis 1996 zwischen Westerland und List an 13 Stellen abgebrannt. Dafür wendete das damalige Amt für Land- und Wasserwirtschaft knapp eine Million Mark auf. Auch in jüngerer Zeit wurden Buhnen zurückgebaut – so etwa in den Jahren 2003 bis 2005 vor Kampen. Es sind dennoch genügend Pfahlreihen übrig geblieben: Die schönsten und zugleich ältesten Exemplare aus Holz findet man vor Rantum.

Das Original: Im Jahre 1867 wurden
die ersten Buhnen aus Eichenholz in den Sand gerammt

Rostige Gefahr: Scharfkantige Stahlspundwände, tückisch für Badende

Trutzige Wellenbrecher: Anno 1878 wurden die ersten Steinbuhnen ins Meer gebaut

Zweckentfremdet: Buhnen als Bühne für Sommerfrischler

Zweck nicht erfüllt: Rückbau von Buhnen in Kampen

Tetrapoden

An der Atlantikküste leisteten sie gute Dienste – doch Sylt vermochten sie nicht zu schützen: Die Tetrapoden (griechisch: Vierfüßer), sechs Tonnen schwere Betonklötze. Zwischen 1960 und 1970 unternahm man an verschiedenen Stellen der Sylter Westküste den Versuch, mit ihnen die Gewalt des Meeres zu brechen. Doch die vierbeinigen Kolosse wurden verdriftet oder an den Ausläufern der Tetrapoden-Reihen unterspült. Etliche der steinernen Ungetüme, zum Teil halb überdeckt vom Sand, liegen noch heute am Strand, etwa vor der nördlichen Strandmauer von Westerland. Andere wurden in jüngster Zeit entfernt: Im Jahr 2005 wurden vom Hörnumer Strand auf einer Länge von knapp 1,3 Kilometern insgesamt 1700 Tetrapoden entfernt. Nun säumen sie das Ufer der Helgoland vorgelagerten Insel „Düne". 800.000 Euro kostete Bund und Land dieser Rückbau in Hörnum.

Insgesamt wurden auf Sylt in den 1960-er Jahren fast 13.000 Tetrapoden verlegt. Damaliger Kostenpunkt: Rund zwölf Millionen D-Mark. Den Auftakt bildeten 560 Tetrapoden, die 1960 und 1961 vor der Westerländer Strandmauer gruppiert wurden. Als Konsequenz aus der schweren Sturmflut 1962 wuchs ihre Zahl in den Folgejahren schnell an: Im Norden Westerlands wurden auf gut einem Kilometer Länge knapp 5000 Tetrapoden in den Sand gesetzt, weitere 1200 im Süden Westerlands auf rund 300 Metern Länge. Auch im Inselsüden baute man zunächst auf die klobigen Kolosse: Dort wurden seinerzeit zwei Ketten mit etwa 6500 Tetrapoden angelegt.

Schweres Geschütz: Verlegung von Tetrapoden im Norden Westerlands

Kletterpark statt Küstenschutz: Auf den verbliebenen Tetrapoden üben sich Spaziergänger gern im Balancieren

Die Macht des Meeres konnten auch die sechs Tonnen schweren Betonklötze nicht bezwingen

Tetrapodenkette vor der Hörnumer Kersig-Siedlung

Ende einer Ära: Rückbau der Tetrapoden in Hörnum

Schwebender Koloss: Von Hörnum wurden die steinernen Ungetüme 2005 nach Helgoland überführt

Die Westerländer Strandmauer

„Nach einem Platz, wo die Gäste selbst hinfinden" suchte Anfang des 20. Jahrhunderts der Berliner Geschäftsmann Otto Busse und fand ihn auf einer Düne vor Westerland. 1903 empfing das Hotel „Miramar" seine ersten Gäste. Was die Stürme anzurichten vermochten, das hatte Otto Busse bei seinem ersten Besuch in Westerland an lauen Sommertagen indes nicht geahnt. Erst 1906 schwante ihm, welches Risiko er mit der exponierten Lage des neu erbauten Hotels eingegangen war. Verbittert notierte er in einem Brief: „Dem Grundstück haftete ein Mangel an, dessen ich mir beim Ankauf nicht bewusst war und den ich als Binnenländer nicht wissen konnte. Es war aber der Stadt die Bedrohung eines auf der Düne erbauten Hauses sehr wohl bekannt."

Die späte, von Sorge getragene Erkenntnis sollte sich leider nur allzu bald bewahrheiten. Im Winter 1906 brandete eine schwere Sturmflut an die Küste und fegte gleichsam im Handstreich die schützende Düne vor dem Hotel binnen einer Nacht hinweg. Eine Enkelin von Otto Busse erinnerte sich viele Jahre später: „Von den Westfenstern des Hotels blickte man in einen Abgrund hinunter. In dieser Nacht zitterten wir darum, dass der Westflügel durch sein Eigengewicht auf den Strand hinuntersinken würde. Die Sorge um die Sicherung des Hauses ließ sich jetzt nicht mehr vertagen. Es musste gehandelt werden. Aber wie?"

Die Familie wollte nicht kampflos aufgeben: Alle Ersparnisse wurden gebündelt und in den Bau einer schützenden Strandmauer investiert. 58 Meter lang war das Bollwerk, das im Frühjahr 1907 in den Sand gerammt wurde. In einem Bericht des Berliner Ingenieurs und Königlichen Hofzimmermeisters Möbus, der für den Bau verantwortlich zeichnete, ist darüber nachzulesen: „Die Sicherung besteht aus Eisenbeton, welcher in einer Strandlänge von 57,85 laufenden Metern und zwei Flügelwänden von je 9,6 Metern Länge vor dem gefährdeten Grundstück errichtet werden soll. Die Höhe ist bis zu 7 Metern über dem gewöhnlichen Niedrigwasser geführt, damit hochgehende Wogen bei Sturmflut nur als Spritzer überschlagen können. Eine 5 Meter breite Plattform schützt die dahinter ansteigende Dünenböschung vor Abspülungen."
Das Bauvorhaben erwies sich tatsächlich als Ei des Kolumbus: Die Strandmauer trotzte fortan jeder Flut, wenngleich sie manche Blessuren davontrug. Dennoch verblieb ein Rest Skepsis, drohte das Wasser doch die Enden der Mauer zu unterspülen und die Mauer damit zu unterhöhlen. Doch auch diese Sorge war bald ausgestanden: 1913 ließ die Stadt Westerland für 314.000 Reichsmark die heutige Promenade auf einer Länge von 574 Metern in nördlicher Richtung bauen. 1924 wurde die Flaniermeile dann südlich des „Miramar" verlängert und umfasst seitdem eine Gesamtlänge von 800 Metern.

Um das Hotel „Miramar“ (im Vordergrund) vor dem drohenden Abbruch zu schützen, ersann sein Erbauer 1907 den Bau eines Bollwerks am Strand

Auch die Westerländer Musikmuschel wird durch die Strandmauer geschützt

Nicht jede Sturmflut übersteht die Strandmauer schadlos: Vereinzelt brachen dann Steine aus dem Mauerwerk, und schon öfters haben die Wellen das Geländer zerschlagen

Deckwerke

Vor Westerland, Keitum und List werden mehrere kleine Küstenabschnitte durch feste Barrieren geschützt. Den Anfang machte 1938 ein 520 Meter langes Basaltdeckwerk, das am Ellenbogen weitere Abbrüche verhindern sollte, im Laufe der Zeit aber selbst zunehmend abbröckelte. Besser erhalten ist das Deckwerk nördlich der Westerländer Promenade: 1946 wurde dort ein 125 Meter langer Abschnitt aus Betonplatten verlegt, der acht Jahre später um 365 Meter verlängert wurde.

Die Keitumer Bucht säumt seit 1969 ein Deckwerk in Form eines asphaltierten Weges mit vorgelagerten Granitbrocken. Zunächst 600 Meter lang, wurde der Weg 1976 um 250 Meter verlängert. Das jüngste Sylter Projekt dieser Art ist eine Schüttung mit Basaltsteinen am Wattenmeer in Höhe des Lister Ortseingangs. Um Überflutungen der nahen Landstraße zu verhindern, wurden 2006 in dieses Projekt 375.000 Euro investiert.

Deckwerk in List: Ein Sturm hat in den Asphalt eine tiefe Schneise geschlagen, die notdürftig mit Sandsäcken gestopft ist

Lahnungen

Während das Meer an der Sylter Westküste beständig am Ufer nagt, versucht der Mensch auf der anderen Seite der Insel neues Land zu gewinnen – für den Sylt-Reisenden anschaulich bei der Überfahrt an den Enden des Hindenburgdamms zu betrachten. Dazu werden mit Buschwerk gepolsterte Pfahlreihen ins Wattenmeer gebaut; diese etwa ein Meter hohen Lahnungen begünstigen die Ablagerung von Schlckboden: Zwischen den Lahnungen setzen sich bei jeder Flut Schwebeteilchen ab, die in einem langsamen, aber kontinuierlichen Prozess festen Boden bilden. Auf diesem wachsen eines Tages zaghaft die ersten Pflanzen und wandeln den vormaligen Meeresboden langsam in Salzwiesen um, eine Mischzone zwischen Meer und Land. Am Ende dieses Prozesses können schließlich Schafe das neugewonnene Vorland beweiden. Bereits 1927 legte man beiderseitig des Hindenburgdamms erste Lahnungen an. Ab 1979 wurden dann alle Abschnitte der Sylter Ostküste, die nicht von Deichen geschützt sind, ebenfalls durch Lahnungen gesichert.

Zwischen den einzelnen Pfahlreihen sieht man in regelmäßigen Abständen von jeweils etwa zehn Metern künstlich ausgehobene Gräben. In diesen zwei Meter breiten und einen halben Meter tiefen „Grüppen" sammelt sich Schlick an, der dann von Schwimmbaggern ausgehoben und zwischen den einzelnen Gräben angehäuft wird; dadurch verflacht langsam die Zone zwischen den Lahnungen, bis sich flächendeckend fester Boden bildet.

Küstenschutz im Watt: Die den Buhnen ähnelnden Lahnungen ziehen sich an der Sylter Ostküste entlang

Begünstigt die Ablagerung von Schlickboden: Lahnung vor dem Morsum-Kliff

Geotextilien

Geotextilien gelten in den Bereichen Geotechnik und Wasserbau als relativ neues Baumaterial. Zwar wurden sie bereits schon vor einem halben Jahrhundert erstmalig eingesetzt, finden aber erst in jüngerer Zeit zunehmend Verwendung. Geotextilien bestehen aus wasserdurchlässigen, synthetischen Materialien. Wurden sie zunächst im Straßenbau zum Trennen von fein- und grobkörnigem Bodenmaterial genutzt, so haben sie inzwischen auch im Küstenschutz Einzug gehalten: 1990 ließ die Deutsche Bank als damaliger Eigentümer des Kampener Hauses „Kliffende“ an der Abbruchkante des Kliffs auf 60 Metern Länge Polyester-Säcke eingraben, um den Sandabtrag bei Sturmfluten zu dämmen. Die Kosten für das Pilotprojekt – 416 mit jeweils zehn Kubikmetern Sand gefüllte Säcke wurden verscharrt – betrugen damals 1,2 Millionen Mark.

Auch wenn die Geotextilien bei schweren Sturmfluten schon mehrfach frei gespült wurden, so konnte der Abbruch des Kliffs doch eingedämmt werden. „Die Qualität des Materials hat sich bewährt“, bilanzierte das Amt für ländliche Räume.

Premiere: 1990 wurden die ersten Geotextilien vor dem exponierten Kampener Anwesen „Kliffende“ verlegt

Eine Sturmflut hat Teile der schützenden Düne ausgewaschen und die Geotextilien frei gelegt

Nicht im Sinne des Erfinders: Hier werden die frei gespülten Polyester-Säcke von Spaziergängern kurzerhand als Trampelpfad genutzt

Sandvorspülungen

Dass diese bis dato effektivste Küstenschutzmaßnahme auf Sylt überhaupt eingebürgert wurde, ist einem Zufall zu verdanken. Der inzwischen verstorbene Vorsitzende des Amtes Landschaft Sylt erinnerte sich: „In den USA wurden in den 1960-er Jahren Hafenbecken ausgebaggert. Wohin aber mit dem Sand? Er wurde kurzerhand an den Stränden aufgeworfen. Das brachte uns Sylter auf die Idee, das Konzept in unserem Sinne umzusetzen. 1968 konnten wir den zuständigen Minister nach vielen mühsamen Gesprächen davon überzeugen, dass er sich das in Amerika mal anschaut. Es hat geklappt, und so kam es 1972 zum Pilotprojekt Sandvorspülung vor Westerland."

Wie funktioniert eine Sandvorspülung und was bezweckt sie? Bei dieser Maßnahme ankern Spezialschiffe sieben bis neun Kilometer vor der Küste. Dort pumpen sie zunächst Sand aus zwölf bis 15 Metern Tiefe in den je nach Schiff 2000 bis 2500 Kubikmeter großen Laderaum. Das Schiff wechselt dann seine Position bis auf etwa zwei Kilometer vor der Sylter Küste und pumpt durch Rohrleitungen – sogenannte Düker – unablässig ein Sand-Wasser-Gemisch an den Strand, das Planierraupen dort gleichmäßig verteilen. So wird bei einer Sturmflut nicht das eigentliche Ufer, sondern das vorgelagerte Sandpolster abgetragen. Zudem sorgt ein breiter, flach auslaufender Strand dafür, dass die Wellen auslaufen können und ihre Energie gebrochen wird.

Die erste Sandvorspülung fand wie erwähnt im Jahre 1972 statt. Von der Wattseite der Rantumer Bucht wurde eine sieben Kilometer lange Rohrleitung zum Westerländer Strand verlegt. Nach Abschluss des viermonatigen Pilotprojekts waren auf einer Länge von 1,74 Kilometern rund 900.000 Kubikmeter Sand vorgespült worden. Kostenpunkt: 6,1 Millionen Mark. Sechs Jahre sollten indes vergehen, bevor es zur nächsten Sandvorspülung kam, weitere fünf Jahre bis zur dritten. Dann jedoch wurde der Rhythmus erheblich verkürzt – seit 1984 wird diese Küstenschutzmaßnahme abgesehen von wenigen Ausnahmen jährlich durchgeführt. „Das Land sieht pro Jahr circa eine Million Kubikmeter Sand für die Vorspülungen vor. Diese Menge entspricht der ermittelten jährlichen Sanderosion der Sylter Westküste", ließ die Landesregierung dazu verlauten.

Die Aufträge für die Sandvorspülungen werden vom Land Schleswig-Holstein europaweit ausgeschrieben und seit 2003 für die Dauer von jeweils drei Jahren vergeben – derzeit an eine dänische Nassbagger-Firma. Dass man den Auftrag neuerdings gleich für drei Jahre vergebe, sei wirtschaftlicher, erläuterte der für den Küstenschutz zuständige Landesminister Dr. Christian von Boetticher. „Außerdem kann gegenüber einer jährlichen Ausschreibung jahreszeitlich früher mit den Arbeiten begonnen werden."

Alljährlich im Frühjahr wird bei einer Strandbegehung festgelegt, welche Küstenabschnitte mit neuem Sand aufgefüllt werden müssen. Allein zwischen 2006 und 2008 werden elf Millionen Euro in die Vorspülungen investiert. Bis zum heutigen Tage wurden entlang der Sylter Westküste bereits 40 Millionen Kubikmeter Sand vorgespült. Minister von Boetticher: „Aufgrund der hohen Wellenenergie vor der Insel haben sich die flexiblen Sandvorspülungen als effektivste Schutzmaßnahme erwiesen." Sylt baut somit auch künftig auf Sand.

So fing alles an: 1972 wurden die Rohrleitungen für die erste Sandvorspülung verlegt

Sandvorspülung vor der Skyline von Westerland

Planierraupen verteilen das Sand-Wasser-Gemisch –
Passanten und Möwen sind neugierige Zuschauer

Rohrleitung und Spülfeld im Westerländer Süden.
Die Verbreiterung des Strandes ist im Luftbild besonders gut erkennbar

Wie eine Nase ragt ein aufgespültes Sandfeld vor Kampen ins Meer

*Der Westerländer Strand nach einer Sandvorspülung.
Rechts im Bild deutlich erkennbar, wo die Vorspülung endete*

Bis zu 2500 Kubikmeter Sand trägt ein Spülschiff in seinem Bauch mit sich

Volle Kraft voraus: Ein Spülschiff nimmt in Sichtweite des Restaurants „Sturmhaube“ Kurs auf Kampen

Küstenschutz – konsequent, aber kostspielig

Seit 1971 ist der Küstenschutz eine nationale Aufgabe. Die Mittel teilen sich Bund und Land als sogenannte Gemeinschaftsaufgabe im Verhältnis 70:30. An der Ostküste – hier finanziert der Staat Küstenschutz nur vor bebauten Ortslagen – wendet der Sylter Verein finanzielle Mittel auf, insbesondere für den Bau von Lahnungen. Küstenschutz ist keine preiswerte Angelegenheit: Allein in die Sandvorspülungen haben die Bundesrepublik und das Land Schleswig-Holstein bis heute rund 160 Millionen Euro investiert.

Andererseits ist der Schutz der Insel unerlässlich: Nicht nur, dass Sylt als „wertträchtiger Erholungsraum" gilt und dem nahen Festland gleichsam als Wellenbrecher dient. Die populäre Urlaubsinsel ist für das Land Schleswig-Holstein zudem ein wichtiger Wirtschaftsfaktor: Das jährliche Steueraufkommen der Insel beträgt rund 70 Millionen Euro – ein Vielfaches der Kosten, die der Küstenschutz verschlingt.

Nachtrag: Bevor die Sandvorspülungen eingeführt wurden, errechnete das damalige Amt für Land- und Wasserwirtschaft ein Szenario: Würde man auf Küstenschutzmaßnahmen verzichten, so böte sich im Jahr 2045 folgendes Bild: In Hörnum wäre die Kersig-Siedlung verschwunden, nördlich von Hörnum ein Teil der Landstraße Raub der Wellen geworden. In Westerland würde man vergeblich die Promenade, das Kurzentrum oder das Hotel „Miramar" suchen. Und im Norden wäre der Ellenbogen von der Insel abgetrennt.

Und wie steht's um Alternativen?

Küstenschutz, quo vadis? Immer wieder werden mögliche Alternativen zu den Sandvorspülungen ins Gespräch gebracht. Doch scheut man sich vornehmlich aus Kostengründen davor, diese in der Praxis zu erproben. „In zwei umfassenden Forschungsvorhaben wurden in den 80-er und 90-er Jahren alternative und ergänzende Küstenschutzmaßnahmen untersucht und bewertet“, berichtete die Landesregierung im Jahr 2000. „Dabei handelte es sich zum Teil um Naturversuche, zum Teil um Modellversuche und für einige Maßnahmen auch um Literaturrecherchen.“ Das wenig bemerkenswerte Fazit der Untersuchungen: Sandvorspülungen seien nach wie vor die optimale Lösung.

Ins gleiche Horn stieß 2005 der Umwelt- und Agrarausschuss des Landtages Schleswig-Holstein: „Die Untersuchung vieler anderer Maßnahmen erbrachte keinen Erfolg. Weitere geeignete Vorschläge liegen zurzeit nicht vor.“ Und: „Bei der knappen Finanzausstattung im Küstenschutz müssen die Mittel so effizient wie möglich eingesetzt werden. Naturversuche sind immer mit erheblichen Kosten verbunden. Ihre Durchführung ist daher nur zu vertreten, wenn vorher alle Möglichkeiten der technisch-wissenschaftlichen Bewertung, eventuell mit Hilfe von mathematischen Simulationen, ausgeschöpft sind.“

Der Weisheit letzter Schluss? Mancher Experte hat da so seine Zweifel. So bedauert Dr. Kai Ahrendt vom GKSS-Forschungszentrum Geesthacht: „Gesamtkonzepte für den Küstenschutz stecken bei der Forschung leider noch in den Kinderschuhen. Auch wird zu wenig interdisziplinär gearbeitet.“ Gleichwohl: Nach dem Willen der Politik sollen kontinuierlich weitere Forschungen zur Optimierung des Sylter Küstenschutzes betrieben werden. „Grundsätzlich steht die Landesregierung Alternativkonzepten offen gegenüber. Starre Bauwerke sind dafür in den meisten Fällen aber nicht geeignet. Auch müssen technische Umsetzbarkeit und Wirtschaftlichkeit nachgewiesen sein. Dieses war bisher noch bei keiner vorgeschlagenen Alternative der Fall“, urteilt Schleswig-Holsteins zuständiger Minister Christian von Boetticher.

Welche Alternativen aber wären zur Zeit denkbar? Zu den neueren Ideen zählt die in Dänemark bereits erprobte Stranddrainage. Dabei werden unter dem Sand Rohre verlegt, die an ein Pumpensystem angeschlossen sind; sobald der Wasserstand des Meeres steigt, wird das aufflutende Wasser abgepumpt. Die Landesregierung Schleswig-Holstein aber ist skeptisch: „Eine kostenintensive und nur lokal wirksame Maßnahme für bestimmte Strandabschnitte."

Auch feste Bauwerke warten bis dato vergeblich auf den Praxistest. Das gilt für Unterwasser-Wellenbrecher, wie sie der Fachbereich Wasserbau und Wasserwirtschaft der Universität Leipzig vorschlägt, ebenso wie für ein sogenanntes Bogenriff, das dem Verein für Küstenschutz am Sylter Südzipfel vorschwebte: „Starren Wellenbrechern droht die Gefahr von Umlagerung, Verschleiß und einer schnellen Zerstörung des Bauwerkes", mutmaßte schon 1997 das damalige Amt für Land- und Wasserwirtschaft.

Eine denkbare Alternative: Die Stranddrainage, bei der das Wasser versickert und abgepumpt wird

Auf keinen Prüfstand gelangt ist auch ein anderes Projekt, das den Syltern von einem Unternehmen vorgestellt wurde: Dabei werden Altreifen aufgeschnitten und zu beweglichen Matten verflochten. Auf dem Meeresboden direkt vor dem Strand verlegt, sollen diese Gummiteppiche als Sandbremse wirken. In den Häfen von Rostock und Köln hätten sich die Konstruktionen bereits bewährt und könnten – so die Entwickler – künftig auch als „Rettungsring für Sylt“ Gutes leisten.

Vielversprechend erscheint den Insulanern derzeit ein Vorschlag des Landschaftszweckverbands Sylt und der Söl'ring Foriining, dem Sylter Verein: Ein eigenes Baggerschiff, wie es bei den Sandvorspülungen eingesetzt wird. Vorteil: Das Schiff stünde rund ums Jahr zur Verfügung und könnte Sandverluste an einzelnen Küstenabschnitten zügig ausgleichen. Das Investitionsvolumen hat der Landschaftszweckverband Sylt auf knapp 20 Millionen Euro taxiert, was dem Gegenwert von etwa vier Sandvorspülungen entsprechen würde.

Alfred Bartling von der Söl'ring Foriining: „Durch ein eigenes Schiff wäre die Insel nicht allein auf die Sandvorspülungen angewiesen. Durch permanente Vermessungen des Meeresbodens per Satellit ließe sich jederzeit erkennen, an welchen Stellen es vor der Sylter Küste zu Sandabtrag kommt. Das Schiff würde dann sofort zum Einsatz gelangen und an den gefährdeten Stellen Sand verklappen. Über einen längeren Zeitraum gesehen würden so Millionen eingespart.“

Verschiedene aktuelle Forschungsprojekte könnten dem Rechnung tragen: So wird beim Kuratorium für Forschung im Küsteningenieurwesen im Jahre 2007 das Projekt „Laserscan“ abgeschlossen sein: Mit Hilfe modernster Technik sollen dadurch künftig präzise Vermessungen vom Meeresboden in Küstennähe möglich werden. Ziel: „Die Ergebnisse und Verfahren sollen dann in der Praxis bei den zuständigen Dienststellen und Behörden zum Einsatz kommen, wodurch nachhaltig Kosten gespart sowie Genauigkeit und Qualität gesichert werden.“ Dies wiederum wäre Voraussetzung für den Einsatz eines Sylter Spülschiffes: Wo Sturmfluten vor der Sylter Küste am Meeresboden besonders viel Sand ausräumen, würde entsprechend viel Sand nachgefüllt.

Bomben auf Sylt: Küstenschutz kurios

Sie sandten ihre Briefe „An den Sylter Deichhauptmann“ oder „An den Chef vom Küstenschutzamt“, an den „Bürgermeister von Sylt“ oder an den „Herrn Kulturreferenten“. Doch ebenso falsch wie die Bezeichnungen der Adressaten, so kurios sind die Vorschläge, die da für den Küstenschutz unterbreitet wurden. Was die selbsternannten Experten motiviert, hat einer von ihnen so formuliert: „Schon oft haben Außenseiter zur Lösung von Dingen beigetragen, die sie nichts angingen.“ Ob die Vorschläge jedoch tatsächlich praxisnah sind, das darf man gelinde bezweifeln.

So empfahl Holger B.: „Ich schlage vor, dass jedes Fahrzeug, welches auf die Insel gelangt, 50 Kilogramm Sand mitzuführen hat, welcher zum Küstenschutz verwendet wird. Halter von Fahrzeugen, denen dies nicht möglich ist, können sich durch eine Abgabe freikaufen. Diese Maßnahme beinhaltet eine nicht zu verkennende psychologische Wirkung, die das Umweltbewusstsein schärft. Hochachtungsvoll, ein Freund der Insel.“ Eine Sylt-Urlauberin aus Fürth riet, vor dem Strand einen Müllberg aufzuschütten und zu befestigen. Aus Fellbach stammt der Vorschlag, eine Barriere mit ausgedienten Panzern zu errichten. „Legt man Wert darauf, auch unter Wasser den kriegerischen Aspekt zu reduzieren, können ja die Kanonenrohre demontiert werden.“

Nicht wenige glauben, das Ei des Kolumbus gefunden zu haben – wie Herr P. aus Hamburg: „Mehrere Erfindungen allererster Güte machen es mir möglich, Ihre Insel gegen das Meer qualifiziert abzusichern.“ Ein Tüftler aus Grömitz fügte dem Anschreiben gleich eine Skizze seiner Erfindung bei, „die ich bei Interesse für 30.000 Mark an Sie verkaufen würde“.

Eine wirklich zündende Idee hatte schließlich dieser Schreiber: „Man muss den Flutwellen zu Leibe gehen und den ganzen Strand bei einer Sturmflut unter Beschuss nehmen. Wenn man Zehn-Zentner-Bomben in kurzen Abständen abwirft, entsteht ein Krater neben dem anderen. Das Wasser wird die Krater dann füllen, so werden die Wellen geschwächt, und der Sandraub wird nachlassen.“

Küstenschutz kurios: Ausgediente Panzer als Wellenbrecher?

Noch kurioser: Mit Bomben gegen den „Blanken Hans"

Die Küste und der Klimawandel: Ein Blick in die Zukunft

Nach Einschätzung vieler Fachleute herrscht derzeit die Ruhe vor dem Sturm: Durch den globalen Klimawandel wird der Meeresspiegel ansteigen, könnten sich Sturmfluten häufen. So glaubt das „Intergovernmental Panel on Climate Change", ein internationales Fachgremium für Klimaveränderungen, dass sich der Meeresspiegel bis zum Jahre 2100 „in Abhängigkeit des künftigen menschlichen Handelns" um 10 bis 90 Zentimeter erhöhen werde. Ein identisches Szenario sieht der Klimaforscher Professor Mojib Latif von der Universität Kiel: „Bis 2100 könnte der Meeresspiegel im Extremfall um einen Meter ansteigen. Wenn wir den Ausstoß von Gasen, insbesondere Kohlendioxid, in die Atmosphäre deutlich reduzieren, wäre eine Begrenzung auf 10 bis 20 Zentimeter möglich."

Doch nicht nur der Pegel der Meere verändert sich: Wissenschaftler am Institut für Küstenforschung in Geesthacht wissen, dass die berüchtigten Treibhausgase auch auf die Entwicklung von Stürmen einwirken. „Besonders an den Küsten können Stürme katastrophale Auswirkungen haben, da sie zerstörerische Sturmfluten mit sich bringen." Bis zum Jahre 2030 sei der gegenwärtige Küstenschutz zwar ausreichend; danach aber müsse die Situation neu bewertet werden.

„Die Deiche sind in Hinblick auf die nächsten Jahrzehnte sicher", sagt ein leitender Mitarbeiter des Bundesamtes für Seeschifffahrt und Hydrographie. Zudem könne man sich durch die moderne Wetterkunde auf Sturmfluten besser einstellen. „Heute ist es mit Hilfe der Großrechner möglich, bei einer Vorhersage von sieben Tagen die Wetterlage mit einer Wahrscheinlichkeit von über 70 Prozent zu erfassen", so der Deutsche Wetterdienst. Dennoch: Die Zeichen der Zeit stehen für Sylt weiterhin auf Sturm.

QUELLENVERZEICHNIS:

Bücher:

„Chronik betreffend der Insel Sylt“, Henning Rinken, Westerland, 1843

„Das Schleswig'sche Wattenmeer“, Christian Peter Hansen, Glogau, 1865

„Die erschreckliche Wasser-Fluth von 1634“, Andreas Reinhardt, Husum, 1984

„Die großen Sturmfluten 1962 und 1976“, Helmut Sethe, Husum, 1976

„Land unter“, Heinrich Jacobs, Breklum, 1962

„Nordsee – Mordsee“, Georg Quedens, Breklum, 1997

„Orkan über Sylt“, Hans Jürgen Stöver, Wenningstedt, 1990

„Rantum auf Sylt – Die Geschichte eines sterbenden Dorfes“,
Wilhelm Jessen, Westerland, 1924

„Staatsbeschreibung des Herzogtums Schleswig“, Johann Hansen, Hamburg, 1758

„Strandungen vor Sylt“, Wiebke und Wolfgang Fey, Hans Jürgen Stöver, Husum, 1979

„Sylt – 700 Jahre Kampf der Friesen gegen den Blanken Hans“,
Werner Matthiesen, Husum, 2001

„Sylt – Abenteuer einer Insel“, Sven Simon, Hamburg, 1980

„Sylt im Wandel“, Frank Deppe und Volker Frenzel, Hamburg, 1994

„Sylt in alten und neuen Reisebeschreibungen“, Henning Berkefeld, Düsseldorf, 1991

„Sylt – Inselgeschichten“, Frank Deppe und Volker Frenzel, Hamburg, 1998

„Sylt Lexikon“, Harry Kunz und Thomas Steensen, Neumünster, 2002

„Sylt – Memoiren einer Insel“, Peter Schmidt-Eppendorf, Husum, 1977

„Trutz, blanke Hans“, Uwe Sönnichsen und Hans-Werner Staritz, Husum, 1978

„Wenn die Deiche brechen“, Uwe Sönnichsen und Jochen Moseberg, Husum, 1993

Schriften:

Bericht der Landesregierung Schleswig-Holstein, 2000

Bericht des Umwelt – und Agrarausschusses des
Landtages Schleswig-Holstein am 08.06.2005

„Die WELT“

Facharbeit „Der Küstenschutz auf der Insel Sylt“, Björn Bartnik

Facharbeit „Sylt – versinkende Insel“,
Bereich Geographie der Universität Trier, Julia Seelig

„Fachplan Küstenschutz Sylt“, Amt für Land- und Wasserwirtschaft, 1997

Festschrift „25 Jahre Gemeindewehr Sylt-Ost“

Festschrift „50 Jahre Freiwillige Feuerwehr Hörnum“

Festschrift „50 Jahre Freiwillige Feuerwehr Rantum“

Festschrift „75 Jahre Freiwillige Feuerwehr Morsum“

Festschrift „100 Jahre Freiwillige Feuerwehr Archsum“

„FunkUhr“

Generalplan Küstenschutz Schleswig-Holstein, 2001

„Informationsblatt über den Katastrophenschutz der Stadt Westerland“

Infobroschüre des Freiwilligen Rettungs-Corps Westerland

„Jahresbericht 1981 der Söl'ring Foriining“

„Kurzeitung Sylt“

„Lübecker Nachrichten“

„Sylt aktuell“

„Sylter Rundschau“

„Sylter Spiegel“

„Sylter Urlaubstipps“

„Sylt life“

Weitere Quellen:

DeutschlandRadio Berlin

Deutsche Presse-Agentur

Fachbereich Wasserbau und Wasserwirtschaft der Universität Leipzig

Franzius-Institut für Wasserbau und Küsteningenieurwesen, Universität Hannover

Institut für Küstenforschung der GKSS-Forschungszentrums Geesthacht

Internet

Kuratorium für Forschung im Küsteningenieurwesen

Landesregierung Schleswig-Holstein

Reuters-Nachrichten

Schutzgemeinschaft Deutsche Nordseeküste

sowie eigene Aufzeichnungen des Autors